続・東海オンエアの動画が6.4倍楽しくなる本

虫眼鏡の概要欄 平成ノスタルジー編

虫眼

炎社

はじめに ～続・概要欄の概要欄～

「はじめに」と書いてはいますが、なんと僕は最後にこの文章を書いております。罪な男です（？）。どうも、東海オンエアの虫眼鏡です。

まずは、こうして続編が出版できたことをうれしく思います。相変わらずこんなふざけた文章を素敵な本にしてくれる講談社さん、全く興味なさそうだけど（たぶん）それとなく応援してくれているメンバーのみんな、めんどくさがらずに概要欄を書いた昔の僕、そして何よりも『虫眼鏡の概要欄』を手に取ってくださった皆さん、（そして興味ないのにうっかりこの前書きを読んでしまい、しぶしぶ今からレジへこの本を持っていくであろうそこのあなた）本当にありがとうございます。ド素人《しろうと》の僕が2冊も本を出せたのは皆さんのおかげです。印税分けちゃいたいくらいです。絶対あげないけど。

さて、元号が変わりましたね。この本が発売されている頃には「令《れい》和《わ》」になっているんですよね？　どうですか？　しっくりきてますか？

今作は改元にあやかりつつ、カッコつけて「平成ノスタルジー編」と銘打ってみました。

皆さん、平成はどうでしたか？

いえ、こんなフワッと聞かれても答えようがないですよね。「平成は○○だった！」と一言で答えられるわけないですもんね。誰しもがそれなりに山あり谷あり、紆余曲折《うよきょくせつ》ある時を積み重ねてきたはずです。

「じゃあ『どうでしたか？』とか聞くなよチビ！　金玉ちぎっちゃうぞ！」とおっしゃりたいのでしょう。わかっております。

この本の中に収録されている書き下ろしエッセイの中でも少し触れていますが、元号が変わっちゃうよっていうニュースは別に僕たちの生活になんの影響も及ぼしません。20年後くらいに「えっ、平成生まれなの！　おじさんやん！」って言われるくらいです。というか、その頃はちゃんとおじさんだし。

ただ、おそらく普通の人間は何か大きなイベントがない限り、今まで自分が生きてき

た時間をじっくり振り返ることはなかなかないのではないでしょうか。「そのとき思ったこと」はそのとき思っただけで、使い捨ててしまう記憶なのかもしれません。

幸か不幸か、僕はＹｏｕＴｕｂｅｒなんて活動をしていますので、「そのとき思ったこと」が映像や文字で残っていることがあります。これが振り返ってみるとなかなか面白いんですね。「昔の僕アホやん！」と成長を感じることもあれば、「いや、今もそう思うわ」と自分の中の変わらない部分に気づくこともあります。

この本には僕が「そのとき思ったこと」が詰まっています。皆さんにとって僕の「そのとき思ったこと」が有益かと言われれば、本当にびっくりするくらい無益なんですが、皆さんが改元を一つのきっかけに、皆さん自身の「そのとき思ったこと」を思い出す一助になればいいかなと思います（そんなこと深く考えず暇つぶしに読んでくれるだけでもいいのよ）。

さて、それでは改めて。
皆さん、平成はどうでしたか？

平成31年4月5日　東海オンエア　虫眼鏡

CHAPTER 01

虫眼鏡の日常

東海オンエアの人わざとリアクション大きくしてる疑惑

「痛《いて》え」という感覚はあった方がいいと思いますか？　それともない方がいいと思いますか？

「痛え」という感覚には、体が**「今お前にとって良くないことが起こってるよ」って教えてくれてる**みたいな意味があるわけですけど、なんで「痛え」じゃなきゃいけないんでしょうね。どちらかといえばMの僕でもすげえ痛えのは辛《つら》いですし、「やべえ死にそう！　なんとかしなきゃ！　でも痛すぎて動けねえ……これまでか……」ってなったら本末転倒ですよね。

なんか**乳首が緑色に点滅するとか、やばいことになってる場所からモスキート音が鳴る**とか、他の伝え方はなかったのでしょうか。

痛いという感覚がなくなれば、気軽に人間ドックに行けますし、ヤンキーに喧嘩《けんか》売られたときにも土下座せずに済みます。

しかし、僕が東海オンエアでいる限りなにかしら「痛え」と言った方が

東海オンエアの人わざとリアクション大きくしてる疑惑

東海オンエアはしょうもないイタズラでも拾ってくれるの？

面白い状況があるはずです。なのでもうしばらくは痛いままでいきます。
（2018年6月14日公開／東海オンエアの控え室より）

東海オンエアはしょうもないイタズラでも拾ってくれるの？

【年をとったなと思う瞬間6選】

1 **徹夜が命がけ**
↓次の日に気持ち悪くなり、**16時くらいに一瞬意識が飛ぶ。**テンションだけで起き続ける能力が失われる。大学生のときはずっと麻雀《マージャン》していても大丈夫だったのに。

2 **体調とかの影響が顔に出ちゃう**
↓（人によるかもしれないけど）一目顔を見ただけで**「なんか今日疲れてるね」**とか言われちゃう。顔が赤っぽくなったり黒っぽくなったりして治し方がわからん。

3 **暑さと寒さを我慢できなくなる**
↓炎天下に20分くらいいるとイライラしてくるし、簡単に熱中症の初期症状っぽいやつに襲われる。冬は基本的に外を歩かなくなるから、いいコートを買っても実はあんまり着る機会がない。**夏冬は外での撮影しなくなりがち。**

4

何かと感動が薄くなる

↓新しいところに行ったり、初めてのものを食べたときの「こんなの初めて!!」という心の高ぶりが低くなる。「ふ〜ん、こんなもんかぁ」って思っちゃう。**旅行しても3日目のお昼くらいには帰りたくなる。**

5

「重たい食べ物」の「重い」の意味を知る

実は**並盛りがちょうどいい**ということに気づく。こってりラーメンを食べるには相当なテンションが必要。焼き肉は最初に食べるタン塩が一番おいしい。

6

友達間のイジったりイジられたりのやりとりがなくなる

↓付き合いが長いのでもう**全パターンのイジりが出尽くしている。**何回も同じやりとりをするのも不毛なので、暇なときはけっこう無言になりがち。

（2018年7月3日公開／東海オンエアの控え室より）

動画で使ったスイカを割ります（その後動画外で食います）

海ってどうやって遊べばいいのかわかりません。

とりあえずテンションが上がって「海行こうぜ！」と言います。

友達と一緒に車に乗って海水浴場に向かいます。

水着に着替えます。

→**泳ぎます。**

問題はここです。海って実はほとんど泳がないですよね？　海でバタフライとか、メドレーとかしている人見たことないですよね？　**「ちょっと俺泳いでくらぁ」と言っても、実は水に浸かっているだけですよね？**　泳ぎたいならちゃんとしたプールに行った方が絶対にいいですもんね。

そして、「水に浸かるだけ」という行為が果たして楽しいのかと考えてみると、お風呂や温泉の下位互換な気がしてきます。水もきれいではありませんし、生き物とのふれあいがあるわけでもありません。ただ**汚くてしょっぺえ水に浸かるだけです。**

動画で使ったスイカを割ります（その後動画外で食います）

で、僕は思いました。「海で泳ぐこと」が楽しいのではなく、なんとなく「海」という雰囲気が楽しいのではないかと。開《ひら》けた場所で半裸になる解放感や、周りのパリピの喧騒《けんそう》、そして**いいカラダをしたお姉さんをチラチラ視界に入れる背徳感**とか、そういうちょっと非日常的な雰囲気がいいのかもしれませんね。

僕も全然「海行きてぇ〜」とは思いませんが、誰かに無理やり誘われないかなぁという気持ちがないこともありません。いいカラダのお姉さんがたくさんいるビーチを教えてください。

(2018年8月5日公開/東海オンエアの控え室より)

ガムテープで口ふさぐやつって本当にしゃべれないの?

皆さんも日々**「家に強盗が入ってきたときどうするか」**という妄想を繰り広げていることと思います。今日は皆さんの妄想の参考になるかと思いまして、僕がシミュレーションした強盗の捕まえ方を特別に公開してあげましょう。

まず、強盗の持っている武器はだいたいリーチが短めです。長い得物《えもの》を持っていると、警察に君何してんの〜って聞かれちゃうからです。そこが狙い目です(もし強盗が青龍刀とか拳銃を持っていたらめちゃめちゃ素直にお金を払いましょう)。

強盗に懐《ふところ》に入られる前に、**長い棒かなんかで目を突きます。**目に刺さった方が痛そうなので、傘とかがいいかもしれませんね。少々野蛮に思われるかもしれませんが、命を守るためです。正当防衛です。

強盗は目が痛いのでとっても怒ります。でも、だいたい怒った人間というのは動きが大雑把になります。距離感も何もなく武器を振り回してくると思うので、**落ち着いて距離を取り、もう片方の目を突きます。正当防衛です。**

こうなると、強盗は両方とも目が痛いです。視覚が失われますので、逃げることを優先するはずです。でもここで逃がしてしまうと報復が怖いです。

目の見えない強盗を後ろから滅多打ちにしてすっ転ばします。そうしたら抵抗しないように肩とかをゴリッてやって、結束バンドとかでぐるぐる巻きにしましょう。警察の人に説明するときにはちょっと話を盛ることをお忘れなく。

よし、お前ちょっと手を縛るから大人しくしなさい。
手を揃《そろ》えて後ろに出すんだよ！

ガムテープで口ふさぐやつって本当にしゃべれないの？

おい、ちょ、お前暴れるなってば！　そんなもの振り回すなって！　おい！　うわああああああ!!!

（2018年8月16日公開／東海オンエアの控え室より）

【面白いかどうかはあなた次第】第1回 寝起き大喜利！

「一日に24万円が振り込まれる口座があります。でも余ったお金を次の日に持ち越すことはできません。あなたはそのお金をどう使いますか？」という例え話を皆さんもどこかで聞いたことがあると思います。**「だったら毎日24万円きっちり使うよね？　時間もそれと同じですよ」**ってやつです。

僕はわりと忙しいのが好きなタイプなので、この考え方にけっこう共感できるのですが、「じゃあ睡眠を削って何かしよう」とはあまり思えない年齢になってきました。24万円のうち6万円くらいはそこに充《あ》てないと、早死にして口座が閉じられちゃいそうだと感じています。

しっかり睡眠の時間を確保する代わりに、「目覚ましが鳴ったら絶対に起きよう」と自分と約束しています。寝る前の自分が決めたことすら守れない人間に、もっと大事な約束をしようと思ってくれる人間はいないと思うからです。

そんな僕ですが、つい最近人生で初めて「目覚ましが聞こえなかった」という寝坊をしました。僕は聞こえたら起きるんです。でも聞こえなかったら起きられないのです。当たり前のことです。

むしろ目覚ましは鳴っていないのです。目覚ましは鳴っていることを誰かに観測されて初めてその存在を確かなものとするからです。これが**「シュレーディンガーの目覚まし」**です。

……しかしこうやって目覚ましのせいにしているのも老害への第一歩。僕は確実に老い始めているのです。

若い皆さんは、体がピチピチのうちに、少々無理をしてでもたくさん時間を使って欲しいと思いました。**なんだかおじいちゃんみたいな概要欄になってしまいました。**

（2018年8月24日公開／東海オンエア メインチャンネルより）

【スシトーーク！】ご飯屋さんでの作法とは＆虫眼鏡デブまっしぐら

～虫眼鏡のたまには言い訳させてよのコーナー～

僕とH《エッチ》したことがある人はご存知だと思いますが、**僕は今わりとだ**

【スシトーーク！】ご飯屋さんでの作法とは＆虫眼鏡デブまっしぐら

【面白いかどうかはあなた次第】第1回 寝起き大喜利！

らしない体をしています。お腹がほんの少しぽっこりしているのです。昔はけっこう綺麗な体をしていたのに。

しかし、虫眼鏡の身長から割り出した理想体重をオーバーしているということもないですし、体脂肪率も普通です。たぶん、非常に背中が反っているのでお尻とお腹が出ているのが目立つのだと思います。腹筋がないんでしょうね。

なので僕は、**「虫眼鏡、実は太ってない説」**を唱え、最近骨盤を正しい位置にするコルセットを買いました。これを装着すると、お腹が出ているように見えなくなります。

しかしそのコルセット、最初に買ってきたMサイズは小さくて装着できませんでした。僕の身長でMサイズが装着できないのは少々マズいかもしれません。まずは痩せて、ウエストを引き締めてからコルセットを装着する必要があります。**よ〜し、痩せるために痩せるぞ！**

（2018年9月3日公開／東海オンエアの控え室より）

神対応ってもしかしたらハードル低くね？　もっとすごい対応あるっしょ！

たとえば、「すごくおいしい」という言葉の「すごく」という部分だけを言い換えてみるだけで、「めっちゃおいしい」「たいそうおいしい」「ものごっつおいしい」「すこぶるおいしい」「たいへんおいしい」「どちゃくそおいしい」「非常においしい」「まことにおいしい」「きわめておいしい」など、すごくたくさんの飾り言葉があります。

このように文法的に正しい飾り言葉だけでなく（あまり正しくなかったものもあったけど）、「超おいしい」「スーパーおいしい」「世界一おいしい」「やたらめったらおいしい」「ヤバおいしい」など、国語的に正しいのか正しくないのかわからないような飾り言葉でも意味が通じてしまうのが、日本語の柔軟なところだと思います。**これはヤバすごいことです。**

なんなら飾り言葉に名詞を使うという荒業《あらわざ》もイケますよね。今日の動画のタイトルでも使っている「神」という文字を使って**「神おいしい」**と表現してもいいですし、**「鬼おいしい」「ゲロおいしい」「地獄おいしい」**なんてのもなんとなく意味を察せます。若者言葉ゲロすご。

というか、もはや形容詞なくてもOK！ プリンを一口食べて、「鬼」と言った人を見て、鬼がプリンになっちゃったのかな〜なんて思う人はいませんし、「ヤバタクスゼイアン」と言った人を見て、あ、ヤバタクスゼイアンなのかな〜と思う人もいません。パンドラの箱も開けません。

このように、日本語は非常に柔軟な言語です。ルールなんてあってないようなものなんです。自由に使えばいいのです。

神対応ってもしかしたらハードル低くね？ もっとすごい対応あるっしょ！

ただ僕は、こんなくちゃくちゃな日本語を聞いて、ひとつだけ気になったことがあります。

「鬼」!! めっちゃ日本語感ある!!

結局我々の根っこには日本人の血が流れているということです。めでたしめでたし。

（2018年10月6日公開／東海オンエア メインチャンネルより）

スターの服正直いらないのでオークションにかけます

よくマンガとか映画で見る、**「大富豪しか入れないオークション」**みたいなのって本当に開催されているのでしょうか？

赤い幕が張られたステージの上に、タキシードを着た司会者がいて、ハンマーみたいなコンコンってするやつを振り回しているアレです。マフィアっぽい人から大企業の社長、超有名芸能人などとんでもない大金持ちが一同に集《つど》うアレです。**ヒロインっぽい人（巨乳）が奴隷として捕ま**

スターの服正直いらないのでオークションにかけます

てつやとしばゆーをコンビニに置いてったよ

えられて、スケベそうな人に落札されそうになるアレです。

もし本当に開催されているんだったら、どんなものが出品されているのかくらいは見てみたいものです。本当に巨乳は出品されているのか。

しかし、僕はそこまで大きな規模のものは実在していないだろうと思います。

だってそんな大金持ちのスケジュールを押さえるの大変そうですもん。はじめしゃちょーですらなかなかスケジュール合わなくて遊べないのに、リアル大企業のしゃちょーがみんな一斉に**「今日は闇オークションがあるので半休しま〜す」**なんてできない気がします。

もしも参加したことがある人はどんな感じだったかこっそり教えてくださいね。

（2018年10月6日公開／東海オンエアの控え室より）

てつやとしばゆーをコンビニに置いてったよ

僕たち人間はなんだかわりと歩きがちですけど、考えてみればこれはけっこうすごいことです。**人間ってめちゃくちゃ細長いんですよ（大デブを除く）。**これはどっからどう考えても横にした方が安定感があります。人型のフィギュアを100回落としたら100回横になります。

細長いのに立ちがちなのはテトリスのアレだけです。

人間以外の動物を見てみても、だいたいはちゃんと4本足で歩きます。安定感がありますね。人間だけなんですよ。**物理法則にケンカ売ってるのは。**

これは他の人と違うことがしたすぎて逆にダサいパターンのアレかもしれません。中学生の頃わざと傘をささなかったり、カバンをわざとボロボロにしたりするアレです。**「は？　俺らは4本足とかあんまり好みじゃないんだよね……こっちのほうがしっくりくるというか……」**みたいな！

もしかしたら人間は恥ずかしい奴らかもしれません。もう動物園なんて行けませんね!!

（2018年10月18日公開／東海オンエアの控え室より）

【水溜《みずたま》りオンエア】おふざけなしのガチ文理ラップ対決！

神様は人間を作るときにですね、粘土みたいなものをこねこねして作っているらしいんですよ。粘土の入っている袋はお徳用みたいな感じで、いっぱい入っているので5人くらい一気に作れるんですわ。一人1袋だとちょっと割高なのでね。こないだ神がそうやって言ってました。

で、神様が**「やべっ！　配分ミスったわ！　5人目ちょっと粘土少ねえわ！　でも次の袋開けるのもめんどくさいし……まぁいいや！　あ～なんか顔もブスだわ！　まぁ**

しゃあないしゃあない！」って感じで僕を作りました。どうも虫眼鏡です。

虫眼鏡は神様のミスにより、ルックス面において重大な欠陥を持って生まれました。その代わり、神様は罪滅ぼしのつもりなのでしょう、**僕に「いろんなものをそれなりにこなす能力」をくれました。**おかげで、今までの人生で僕は「これだけはどうしても絶対に無理やねんな」というものと出合わずにここまで生きてきました（と思い込んでいました）。**ブスに生まれてよかった。**

しかし、26歳にしてついに出会ってしまいました。どうしようもなく苦手なものに。そう、それがこの**「ラップ」**でした。

たった8小節の歌詞を考えるのに何時間無駄にしたことか。宿題を忘れたことのない僕がレコーディング寸前になっても全く白紙。しばゆーにお手伝いを頼み込んで、どうにかこうにかひねりだしました。

概要欄を書くのは好きなんですけどね。同じ文章なのに難しいですね。

というわけで虫眼鏡がヒィヒィ言いながらレコーディングした作品になりますので、ぜひ観てやってください。しばゆーや文系の人たちはめちゃ

【水溜りオンエア】おふざけなしのガチ文理ラップ対決！

くちゃ楽しそうにやってて、心の底から「これは勝てねぇ」と思いましたとさ。

P・S・ダンスも苦手だわ。

（2018年10月19日公開／東海オンエア メインチャンネルより）

しばゆーの携帯が冷凍されていました

冷凍した食べ物が腐らないのは、マイナス18度くらいが菌の生きられる限界温度だかららしいですね。適切に温度を保てば、理論上10年前のものでも食べられないことはないんだとか。

その仕組みを利用して、**死んだ人を冷凍保存し、いつの日にか発展した科学でそいつを蘇らせようとしている計画がある**とTV番組で観ました。それだけその人との別れが辛かったんでしょうね。

ふと、僕たちも**メンバーの誰かが死んだら冷凍保存しよっかな、**人間が永遠に生きられる世界になってから東海オンエア大復活をしようかなと思ったのですが、そのレベルに科学が発展するのって、多分とんでも

しばゆーの携帯が冷凍されていました

としみつ＆りょう、クリスマスのご予定は？

なく先ですよね（仮にそんな未来が来るとしても）？

そのとき、僕たちの子孫は**「え？ マジでこのチビ誰？」**と思いながら、凍った僕を最先端技術で蘇らせようとするということですよね？ なんかそれってかわいそうじゃないですか？

僕の家に、先祖代々伝わる冷凍死体が仮にあったとしたら、僕は気味が悪くて普通に溶かして捨てちゃう気がします。これは別に罪ではないよね？ もう死んでるんだから。


人生は終わりがあるから楽しいんですよね。もし永遠に生きられるようになっても、僕はそれにあまり魅力を感じません。

メンバーの皆さん。僕が死んだら悲しすぎちゃうのはわかりますが、冷凍保存なんてせずに、そのまま葬《ほうむ》ってください。**なんならバラバラにして一人ずつ好きなところ持って帰っていいからさ……。**

（2018年10月22日公開／東海オンエアの控え室より）

としみつ&りょう、クリスマスのご予定は？

あまりイベントごとが好きではない虫眼鏡です。「普段と違うことをする」というのはそれだけでエネルギーを使うものだからです。イベントごとが好きではないというよりも、変わり映えのない日常が好きなのかもしれません。

そんな異世界転生アニメの主人公（転生前）みたいな僕にとって、年末年始は割と憂鬱《ゆううつ》な1週間です。年末を祝って年始を祝うって。「卒業おめでとう」→「入学おめでとう」のコンボもそうかもしれませんが、そんなふうにめでたさにめでたさを重ねるなよと。1回で済ませてくれよと。そう思ってしまうんです。だいたい**何もせずに寝てても来るような日のどこがめでたいんだ。**なので、12月24日、25日のクリスマスはとても時期が悪いだろと思ってしまいます。もうちょっと11月の半ばとかにずらして欲しかったです。**クリスマス↓年末年始↓成人式みたいな即死コンボ**で日本中が浮かれてしまいますからね。

ちなみに、「そんなのキリストの誕生日だから仕方ないやん！」と思われる方もいるかもしれませんが、**実はキリストの誕生日は全然わかっていないそうです。**他のお祭りとかとごちゃごちゃになってヌルッと決まっちゃっただけらしいですよ。

一説によると、本当に生まれたのは10月の頭らへんじゃないかといわれているそうです。そこちょうどいいやん!!

（2018年12月15日公開／東海オンエアの控え室より）

【疑似体験】東海オンエアとピザパーティーができる動画　2018ver.

パといえば、「ピザパ」「たこパ」「鍋パ」が三銃士ですね。一見2文字に「パ」をつければなんでもパになるような気がしてしまいがちですが、実はそうではありません。

「たこパ」でたこを捌《さば》いて食ったことがありますか？　あれ本当は「たこ焼きパ」ですよね？　だからパにおいて、接頭語を短縮することは別に罪ではないのですよ。「餃子《ギョーザ》パ」だったら「ギョパ」にしていいですし、「コンビーフパ」だったら「コンパ」、「パパイヤパ」だったら「パパパ」にしていいのです。

そう、**パにおいて重要なのは語呂ではなく、「机の上にバーンって置いてあってみんなで食べられる」という点です。** そこを重視すると、自然に他のパが見えてきます。

たとえば「チーパ」。これは言わずもがな、「チーズフォンデュパ」のことです。チーズフォンデュはその性質上、嫌でもパっぽくなってしまいます。亜種に「チョパ」もあります。

「マグパ」もいいですね。誰かじゃんけんで負けた奴がマグロ競り落としてきて、机の上に寝かせて、みんなで好きなとこ捌きながら食べるとか。そこで **「俺背骨ピーってやるのうまいやんね」** と言える男は評価上が

【疑似体験】東海オンエアとピザパーティーができる動画　2018ver.

ります。

しかし、パにも弱点はあります。

「片付けがめんどくさい」のです。

たったひとつのパを除いてね……!!

そう、**数多《あまた》あるパの王者、「King of パ」といえば、それはピザパなのです。**

みんなも年末年始、パをするときがあったら**ピ**を頼んでみてはいかがでしょう。せっかくなら東海オンエアに案件をお願いしてくれた**ド**にお願いしましょう。

（2018年12月21日公開／東海オンエアの控え室より）

【負けたらクラブでポテチ】後輩と一緒に晩ご飯会議

めちゃめちゃ大人数でじゃんけんをすると、なかなか終わりませんよね。

でも、その人数を半分にしてそれぞれでじゃんけんをすると、すぐに勝者

【負けたらクラブでポテチ】後輩と一緒に晩ご飯会議

【カンニング意味ない説】カンニングし放題vs頭いい奴 センター試験対決！

が決まります。この考えは非常に重要です。**めちゃめちゃ大人数で会議をして、全員の意見を取り入れようとすると大変です。**時間もかかります。結局意見が通らず我慢しなきゃいけない人も生まれます。だったら、はじめからリーダーシップのある人たちだけで会議をしてしまえば時間も節約できるし、無駄な確執も生まれないでしょう。

どんなに強いおじさんでも、戦場でめちゃめちゃ大人数vs1になったら死にます。だけど、橋の上で戦えば瞬間的に1vs1の状況を作り出すことができ、個人技でなんとか踏ん張ることができます。これは**「長坂《ちょうはん》の戦い」で張飛《ちょうひ》が使った戦法**ですね。

素人《しろうと》が本を1冊書こうと思ったらカスみたいなものができます。でも、**毎日ちょっとした文章を書いて、その中からいいやつだけを選んで本にすれば、それなりに面白い本が1冊出来上がります。**これは「東海オンエア」で虫眼鏡が使った戦法ですね。第6版出来《しゅったい》しました。ありがとうございます。

（2019年1月23日公開／東海オンエアの控え室より）

【カンニング意味ない説】カンニングし放題vs頭いい奴 センター試験対決！

センター試験は2020年に廃止され、2021年からは**「大学入学共通テスト」**という新しいテストに移行するそうです。国語と数学に記述問題が追加されたり、大学により詳しい解答結果が提供されたりといった変更点があるらしいですが、**「なにこれ！　もう別物やん！」**ってほどではなさそうですね。

あとは英語の試験を民間に委託し、３年生のときの試験結果を大学に提供するらしいです。これはもはや受験が早まったのと同じレベルの変化なので、**後輩たちマジかわいそうだな〜と高みの見物をしています。**

なぜこんな変更があったのかというと、国が**「先行きが予想しづらいこれからの社会では、知識の量だけでなく、自ら問題を発見し、答えや新しい価値を生み出す力が重要になるなぁ」**と思ったかららしいのです。まぁ知識をいっぱい持ってる＝優秀というわけではないという考えには賛成です。

そして「新しい価値を生み出す」といった部分にご注目ください。これはもはやＹｏｕＴｕｂｅｒのことを指していると言っても過言ではないのではないでしょうか（過言）。技術や予算がほとんどない状態から、多くの人が「見たいな」と思えるもの＝価値あるものを生み出しているのですから。**センター試験に「ＹｏｕＴｕｂｅ」という科目があったら、てつやとか活躍できそうなんですけどね。**まぁそれでいい大学に入っても、すぐ辞めてそうですけど。

それは冗談としても、**「動画を作る」ってのはかなり人の能力を測るのに向いていると思います。**計画を立てる力やそれを実行する力、コンピューターを使う基礎能力や伝わりやすい言葉選びなどなど。そういえば僕が今まで会ってきたYouTuberで、「こいつはマジで無能だなぁ」って思う奴いませんもん。何かしら得意な能力があるんでしょうね。

僕が会社の社長になったら入社試験を「動画作り」にして、**再生回数が一番多い人を採用したい**と思います。

（2019年1月30日公開／東海オンエア メインチャンネルより）

1週間喫煙罰ゲームのタバコを選ぶ動画

※喫煙は、あなたにとって肺がんの原因の一つとなります。
妊娠中の喫煙は、胎児の発育障害や早産の原因の一つとなります。
※焼き肉屋での動画撮影は、排煙機器の騒音が視聴者の苛立《いらだ》ちの原因の一つとなります。
食事中の撮影は、動画のテンポの悪化の原因の一つとなります。

わかりますよ皆さん。**(´ᗜ`)みたいな顔して低評価ボタンを押そうとしているんでしょう!!!**

その低評価、少し待ってください。

まぁね、「タバコは体に害だ」というのは事実ですし、吸わない方がいいぞっていう認識を持っているのも素晴らしいことなんですが、**僕は26歳として皆さんに2つのアドバイスをしたいのです**（26歳以上の方は低評価ボタン押してもいいです）。

1つ目は、**「何事も体験すること」。**もっといい感じに言い換えれば、「最初からダメと決めつけずにチャレンジすること」。さすがにこれは大事なことだと思うのです。

皆さんの人生は長くても85年です。その85年の間に、この世にある全てのことを体験できると思いますか？　無理なんですよ。人生に余った時間なんてないんです。無限に問題が続くテストみたいなもんです。どんなことでも人生のうちで1回くらいは経験しておいた方がいいのではないでしょうか。そして、**「これはもう二度とやらんでいいわ」と思ったら、二度とやらんでいいです。**そのほうが、「そんなんやらんでいいわ」の説得力が増しますから。

1週間喫煙罰ゲームのタバコを選ぶ動画

まぁ「わざわざ悪いことをする必要はないだろ」というのも一理ありますけどね。

2つ目は、**「多数派だからといって少数派が間違っていると決めつけるのは良くないよ」**ということです。メイン動画に「負けたら禁煙するのはいいけど負けたら喫煙はないわ」というコメントがありまして、そんなルール設定にしたらそれは禁煙側の自己中だってなっちゃうのになって思いましたね（まぁ視聴者さんからしたらそういう映像は観たくねぇわっていう意味だと思いますけどね）。

ベジタリアンの人は、肉を食べないじゃないですか。だからといって、肉を食べる人は「肉食べないの？　頭おかしスギィィ！」とも言いませんし、ベジタリアンの方も、「肉食べるなんて野蛮！スケコマシ！」と言わないじゃないですか。**お互いがお互いの考えを共有できていなくとも、それを尊重できているからだと思いますね。**

「ベジタリアンは人に迷惑かけへんやん！　タバコの副流煙はどうのこうの！」とおっしゃる方は、論点がずれています。人に迷惑をかけずにタバコを嗜《たしな》む人はたくさんいます。その理論は人に迷惑をかけながら吸っている人にしか通用しません。

なんかこんなに長々と書いたせいで、低評価を押させないために必死になっている人みたいになっちゃった。**別に押していいよ。**

あと、めっちゃタバコ肯定派みたいになっちゃった。1週間吸ってみたけど、やっぱり普通にハマりませんでした。てか**インフルになってろくに吸えませんでした。**

もしもインフルがタバコのせいだったらこの概要欄を全て消して、てつやとゆめまるとしばゆーのタバコのフィルターの部分に一本一本デスソースを染み込ませてやります。

（2019年1月30日公開／東海オンエアの控え室より）

CHAPTER 02

東海オンエアと仲間たち

【逃げ隠れすんな】日本全国で「かくれないんぼ」したら1日で見つかるの？

街中《まちなか》を歩いていると**「東海オンエアさんですか」**と声をかけられることがあります。自分たちで言うとちょっと天狗《てんぐ》感があって恥ずかしいですが、本当のことなので許してください。

実は、僕たちに声をかけるか迷っている人の小声って、すごくよく聞こえちゃうんですよね。大人数でいるときには**「誰が声かける？」**とか言って揉《も》めていたりしますし、その中に東海オンエアを知らない人がいる場合は、わざわざYouTubeを開いて**「ほら？ 本物でしょ？」**みたいに確認作業をしている人もいます。中には**「プライベートだからダメだよ」**と言って、僕たちに声をかけずに去って行く人もいます（ついこの間気づきましたが、プライベートじゃないということは仕事をしているということなので、むしろそのときの方がダメです）。

もちろん、急いでいたり、顔がヒゲモジャだったり、浮気をしていたりと、たまには声をかけないでほしい日もあります。

でも、声かけてくれていいんですよ。

僕たちも視聴者の方に声をかけてもらえるのはシンプルに嬉《うれ》しいんです。

正直、たまには「おいおい今かよ」と思う瞬間もありますが、ある程度は「有名税」みたいな感じで割り切っています。その分、視聴者の皆さんにはいつも動画を観ていただいていますし、たくさんお手紙やプレゼントをもらったり、応援してもらえたり、いい思いもたくさんしています。僕たちも、皆さんに少しだけでもお礼がしたいと思ってますので、ぜひ声をかけてください。

何よりも、皆さんには目の前に声をかけたい人がいるのに、そのチャンスをみすみす逃《のが》してしまう人にはなって欲しくないわけです。忙しそうでも声かけてきてください。僕たちは**「ねえねえ君たち東海オンエア知ってるっしょ？　写真撮りたいだら？」なんて言えませんから。**

なんか有名人ぶってるみたいですいません。**会ってみると意外にただのくたびれたおっさんですよ。**

（2018年6月9日公開／東海オンエア メインチャンネルより）

【逃げ隠れすんな】日本全国で「かくれないんぼ」したら1日で見つかるの？

【スシトーーク！】てつや（24）、新しい趣味を始めます

メインチャンネルとサブチャンネルの動画のタイトルのつけ方で、少しだけ意図的に違いを出しているところがあるのですが、皆さんわかりますか？

答えは、**「メンバーの個人名を入れるかどうか」**です。

基本的に、メインチャンネルは東海オンエアのことを知らない人でもわかりやすいタイトルにするように意識しています。動画でやっている企画を理解してもらえるかどうかが大事なわけです。

一方サブチャンネルは、もともと東海オンエアを知っている人を対象に動画を作っているので、タイトルに個人名を入れてもOKなんです。**「としみつって誰だよ！」**とはならないわけです。

実は、無意識のうちにこんな事件が起こっていました。

そう、**「サブチャンネルのタイトルに『てつや』って5日連続で登場してしまう事件」**です。なんか最近てつやってよく打ってるなぁ

【スシトーーク！】てつや(24)、新しい趣味を始めます

久しぶりのノーマル晩御飯じゃんけん

と思ったんですよね。
まぁ、それだけてつやが活躍しているということにしましょう。おつかれ。
（2018年6月12日公開／東海オンエアの控え室より）

久しぶりのノーマル晩御飯じゃんけん

虫眼鏡、本日の覚え書き

今日はネタ会議
13時に昼御飯を食べてスタート
食べ終わって帰ろうと思ったら僕の車の前にヤンキーの車がべったり駐車してあって出られない
いくら駐車場が狭いからといってもそれはない
さすがヤンキーといえる
20分くらい車の中でタカオカさんにお悩み相談
ヤンキーが帰ってくる、謝りもせず車を動かしたので僕は怒った
○してやろうかと思ったけどケンカしたら負けるから勘弁してやった
家に帰ったらもう15時、ネタ会議スタート

16時半くらい、りょうが合流
18時くらいに1周ネタが出終わる
タカオカさんからのありがたいお話とお仕事の話
途中でお寿司《すし》が届く
ネタを食いながら動画のネタに悩む
21時、2周目のネタ出しが始まる
今日はとても調子が良かった気がしてたけど、みんなのテンションが落ちてきて難航
22時半、タカオカさん終電のため帰宅
虫眼鏡、今年の夏の一大イベント**「YouTube大喜利大会」**の開催を提案するも却下される
日付が変わり一応会議終了
なぜかみんななかなか帰らないので帰らない
と思ったら帰ったので帰る
家に帰ったら彼女が血を流して倒れていた
と思ったらドッキリだった
一応YouTuberなのに全然面白い反応できなくてすぐ駆け寄ってしまった
笑われたのでムカついた
サブチャンをまだ編集してなかったので眠い目をこすりながらアップ

明日こそは生放送やりたい
なんだか最近生放送欲が高い
明日の撮影も頑張ろう

7月7日　虫眼鏡
（2018年7月7日公開／東海オンエアの控え室より）

【空ピカソ】人間を宙吊りにしてお絵描きしたらまさかの名作誕生？

動画の再生数はタイトルとサムネイルでほぼ決まると言っていいくらい、重要なファクターです。この動画も、「人間クレーンゲーム」という言葉をタイトルに使いたかったのですが、**人間がクレーンなのか、クレーンゲームの景品が人間なのか**よくわかんないかもなぁと思い、泣く泣く諦めました。

【】の中も、最初は**【空中浮遊】**だったのですが、もしかしたらインパクト弱いかもなぁ、もしかしたら本当に空中を浮遊していると勘違いしてしまう人がいるかもなぁと感じてしまったので保留になりました。

【空ピカソ】人間を宙吊りにしてお絵描きしたらまさかの名作誕生？

次の候補は**【天使のお絵描き】**でした。非常に気に入ったのですが、やや文字数が多く落選となりました。タイトルが長すぎると最後の方が「【天使のお絵描き】人間をクレーンにして下に敷いてある紙に絵を……」ってな感じで省略表示されちゃうんですよね。

そして最後に**【空ピカソ】**が、サムネイルとの相性を評価され、見事採用と相成《あいな》りました。

いや**一番わかりにくいじゃねえか。**

ちなみに【天使のお絵描き】と【空ピカソ】は夕闇《ゆうやみ》の小柳《こやなぎ》くんが考えました。僕は悪くないと思います。

(2018年8月20日公開/東海オンエア メインチャンネルより)

韓国で着るものがないのでカンタ・ぶんけいと服買いあっこします

似てる似てると言われるカンタとぶんけいさんを、東海オンエアのカメラでとらえたのはもしかしたら初めてのような気がしたので、サムネイルにしてみました。

僕はどちらとも仲がいい(と自分では思っている)のですが、二人の顔が似過ぎててどっちかわかんない! と思ったことはありません。性格も結構違いますしね。もし迷った場合は、

「MacBookを小脇に抱えている方がカンタ」と見分ければいいのです。ぶんけいさんはノートパソコン嫌いなんでね。

しかし、ある角度でカメラを通すとすごく似ているのです。顔というより、いくつかのパーツが似ているのです。

僕は思いました、**「どんな人間とでもどこかのパーツはめちゃくちゃ似ているんじゃないか」**と。顔が似ているというのは視覚的にとてもわかりやすいですが、たとえば歯の凸凹《でこぼこ》がそっくりだとか、小腸の柔毛の生え方が瓜《うり》二《ふた》つだとか。女性からしたら誰と誰のちん○んの形がそっくりだとか、そういう話の方がまだ意味があるかもしれません。

……そういう話ですよ。

(ちなみにカンタもぶんけいさんもこの概要欄を読んで「どういう話だよ!」と言うであろうところは似ています)

(2018年8月30日公開/東海オンエアの控え室より)

韓国で着るものがないのでカンタ・ぶんけいと服買いあっこします

ノルマを達成できなかったので控えめに晩ごはんじゃんけん

東海オンエアの集合時間はだいたい午前10時です。**なぜかと言われれば、なんとなくです。**

10時という時間は実はけっこう微妙です。だいたい誰かが10分くらい遅刻し、てつやが寝ているor撮影の宿題がまだ終わっていないのでそれを待ち、タバコ吸うのを待ち、何から撮影するか相談し、構成が固まりきっていないネタはもう1回流れを確認し……とやっていると11時半くらいになります。

11時半になると「そろそろご飯《はん》かな〜」となります。でも昼ごはんを食べてしまうと、午前中に集まった意味がなくなってしまうので、とりあえず1本だけ動画を撮ります。**動画を撮っている最中に出前の人がインターホンを押してきて邪魔です。**

そして、だいたい19時、20時あたりになるとみんなが疲れてきて、テンションが下がるので撮影終了になります。

もう1時間早く集まれば、午前中に2本撮影できるし、晩ごはんどきに

今更ですが激辛ペヤングを食べます

ノルマを達成できなかったので控えめに晩ごはんじゃんけん

撮影が終わるのでちょうどいいと思うのですが。

しかしYouTuberに「明日は早いから早めに寝よう」という考えはありません。1時間集合を早めれば、1時間分いつもより眠そうで、1時間分いつもよりだらけ、1時間分いつもより疲れるだけだと思います。

やっぱり10時でいいです。

(2018年9月9日公開/東海オンエアの控え室より)

今更ですが激辛ペヤングを食べます

編集作業というものはなぜか深夜に行うことが多く、完成は朝の5時とか6時とかになることが多いです。

完成したので寝ようと思うのですが、編集にもそれなりに頭を使いますので小腹が空《す》いています。ついついカップ焼きそばとか袋ラーメンを食べてしまうのですが、**果たしてこれは夜食なのでしょうか、朝ごはんなのでしょうか。**

よく「朝ごはんは一日の活力！ しっかり食べよう！」と言われ、「夜食はお肌の天敵！ 太る！ ダメ！」と言われます。「朝に食べてるんだから朝ごはんだろ」と定義すればセーフで、「今から寝るんだから夜食でしょ」と定義するならアウトです。

そして僕はなんとなく「多分ダメなんだろうなぁ」と思いながらも、これは朝ごはんだからセーフと自分に言い聞かせて結局食べてしまいます。誰か科学的にアウトな理由を教えてください。**余《よ》は太りたくないのじゃ。**

（2018年10月4日公開／東海オンエアの控え室より）

トイレのスリッパをリビングに履いてきた奴がいるのでとしみつにキレてもらいました

皆さん、部屋でスリッパ履きますか？

僕はスリッパを履いた時のきっちりしていない感じがとても気持ち悪く、どちらかというと履かない派です。トイレのは履くけどね。

履く派の皆さんにお聞きしたいんですが、**なんでスリッパを履くのですか？**「床は汚いじゃん」という理由しかないのであれば、僕は皆さんを論破する自信があります。

まず、床には基本的に汚れが染み込みません。汚れを直接靴下で踏んじまうというデメリットもあるんですが、その一方で掃除をすれば元どおり綺麗になるというメリットもあります。汚れてしまった靴下も、洗濯をすれば綺麗になります。というか、そもそも靴下は汚れるものではないでしょうか。

一方スリッパですが、床や靴下と同じくらいの頻度で洗っていますか？素材にもよりますが、ほとんどの素材は汗やらなんやらの汚れが染み込みますよね？**「靴下が汚れるのが嫌」って言っているあなた、スリッパ履いてる方が不衛生じゃないですか？**

加えて、床は均一に汚れるのに対し、スリッパは集中的に汚れます。仮にてつやの足が腐っていて臭《くさ》すぎるとしましょう(仮じゃないかもしれん)。さぁ、てつやが10歩歩きました。床はランダムに1クサイが10ヵ所ですね。一方、てつやがスリッパを履いていたとしましょう。てつやの履いたスリッパの中だけが10クサイになりますね。

その部屋を、スリッパを履いていない僕が10歩歩いたとします。僕の足裏が獲得してしまうクサイポイントは、だいたい2～3クサイくらいじゃないでしょうか。

トイレのスリッパをリビングに履いてきた奴がいるのでとしみつにキレてもらいました

一方、てつやの履いていたスリッパを履いてしまった人はどうでしょうか。10クサイを10回踏むので、100クサイです。これは**ザリガニも死ぬレベルの臭さ**です。もちろん、必ずしもてつやが履いたスリッパが使われるとは限りませんが、複数足《そく》あるスリッパを使う確率が同様に確からしい場合、期待値的に考えるとスリッパが33から50足くらいないと、スリッパを履くことの優位性を証明できません。

さらに！　たとえば床に小さめの岩塩が落ちていたとしましょう。

素足でその岩塩を踏んでしまった場合、**「痛《いて》え！　誰だよ、ここで肉の下ごしらえした奴は！」**と怒り、その岩塩を拾うことができます。

スリッパを履いている人は、自分が岩塩を踏んだことに気づきません。なんなら岩塩がスリッパの裏に食い込み、ちょっとしたスパイクみたいになっちゃってます。そのスリッパで部屋中を歩き回るのですから、フローリングはたまったものじゃありません。自分が1回痛い思いをするくらいなら、フローリングを傷だらけにした方がいいという考えの持ち主なんですよ！　スリッパ派の人間は!!

最も簡単に論破しようと思えば、**スリッパを履いてる奴の靴下の臭《にお》いを嗅げばいいのです。**

おそらく普通に臭《くさ》いでしょう。

「いや、だって靴下汚れるの嫌やん」「でもお前の靴下臭《くさ》いよ。どのみち汚いよ」で終わり。

（2018年12月4日公開／東海オンエアの控え室より）

【大長編】今までに生まれた大量の「ボツ動画」を供養します

東海オンエアが迎える6回目（だよね？）の年越しでございます。

これだけの期間YouTuberを続けていると、かなりメンタルが鍛えられます。最初の頃は低評価の数やアンチコメントをすごく気にして、「叩かれないようにしよう」みたいな意識があったのですが、今ではほとんど気にならなくなりました。

もちろん今でも、「これはもうちょっと編集でわかりやすくできたな」「これは言い過ぎたな」といった反省につながるありがたいコメントもあります。しかし、ほとんどのアンチコメントはただの個人的な好みの押し付けや、評論家気取りのお説教です。これはもう無視することにしました。

「面白い」の尺度は人それぞれです。旅動画とか、それこそてつやの年末動画みたいなゆる〜い動画を観て「こういうの好き」「もっと長くてもいいくらい」というコメントをしてくれる人もいれば、かき揚げ咀嚼《そしゃく》大

【大長編】今までに生まれた大量の「ボツ動画」を供養します

会みたいなお下品な動画を観て「これぞ東海」「こういうのが観たかった」と言ってくれる人もいるわけです。両方の人の要望に同時に添うことはどうしても不可能なんです。

自分の好みじゃない動画が上がると、「最近どうした?」「週6投稿とか無理しないで休んで?」といった、まるでお母さんのようなコメントをしてくれる人もいますが、「じゃあ君のやってほしいことをやってる人の動画だけ観てれば? 僕たちは僕たちのやりたいことをするから」とお返事したいです。「面白い」に尺度がないからこそ、僕たちは**「東海オンエアの人たちがやりたいかどうか」**を代わりに一番大事な尺度にしているわけです。

さて、ちょっと真面目ぶった文章を書いてしまいましたが、つまりこれは**壮大な言い訳**です。

「うん、これは東海オンエアの誰かしらがやりたかったんだね。結果、納得のいくものにはならなかったけど、その瞬間は楽しかったからまぁいいじゃんね」と僕たちは思っているのです。

もともとは友達同士の悪ふざけから始まった東海オンエア。未《いま》だに「観てもらおう」という意識より「観てもいいよ?」の意識が強い部分もあります。皆さんもここはひとつ、**「作品」というよりは「記録」**みたいな感じで流し見ていただけるとありがたいです。ちなみにこれは保険です。

何はともあれ、2018年はありがとうございました。いつも動画を観てくれる方、高評価ボタンを押してくれる方、たまに観にきてくれる方、「これはいかんぞ」って低評価ボタンを押してくれる方、コメント欄で褒《ほ》めてくれたり応援してくれたりする方、コメント欄でアドバイスとか意見をくれたりする方、友達に東海オンエアを勧めてくれた方、イベントに来てくれた方、「長《なが》っ！」て思いながらここまで概要欄を読んでくれた方、本当にありがとうございます。なかなか改まって言う機会がありませんが、**マジで「ありがたいことだ、頑張らなきゃな」と思っています。**皆さんのおかげで、僕たち東海オンエアは来年もなんとかYouTuberとして活動していけそうです。

また来年も、どんな形であれ東海オンエアのことを気にかけてくれたら嬉しいです。この文章を書いているのは虫眼鏡ですが、他のメンバーも多分ほとんど同じように思っていると思います。

明日から新年3日まではお休みです！　また1月4日の動画でお会いしましょう!!

（2018年12月28日公開／東海オンエア メインチャンネルより）

インフルエンザの虫ハウスを襲撃します

東海オンエアの6人はそれぞれ家を借りて住んでいます。撮影をするとき、てつやの家に集合するシステムですね。

これは別に叶《かな》わなくてもいい夢なんですが、いつか東海オンエアが億万長者になったら、**マンションをワンフロア借り切ってみんなで隣同士に住んでみたいな**って思います。毎日睡眠不足で体壊しそうだから1年くらいでいいけど。

そうすればいつでも思い立ったときに撮影ができますし、毎日晩ご飯を一緒に食べることができます。**てつやが女の子を連れ込んだりしたら突撃してサブチャンネルを撮ることができます。**でもってプライベートの空間もあるという理想的な環境です。楽しそうですね!!

でもてつやの家の隣は嫌です。なんか**ベランダとかから異臭がしそうだからです。**タバコの灰とか流れてきそう。りょうくんの部屋の隣を先に予約しておきます。

（2019年1月29日公開／東海オンエアの控え室より）

この詩、プロが書いた？ それともしばゆーが書いた？

「うわぁ、この絵すっげえや。まるで絵の中に引き込まれるようで、時間を忘れて眺めていられるや。これを描いたの誰なんだろう」→「へぇ、ダ

インフルエンザの虫ハウスを襲撃します

この詩、プロが書いた？ それともしばゆーが書いた？

リが描いたんだ。やっぱり有名なだけあるな、人を惹《ひ》きつけるオーラがあるよ」
これはわかる。

「へぇ、この絵ダリが描いたんだ。そういやなんか名前聞いたことあるな」→「そういやこの絵なんかすごいわ。時計がぐにゃぐにゃになってるとことか発想がすげえわ」
これはわからん。

「うわぁ、これめっちゃいいやん。誰が描いたんだろう」→「誰やねんこれ。やっぱこれしょぼいわ」
これもわからん。

「誰」によって対応が変わる人が苦手です。

めちゃくちゃかっこいい俳優さんがダサい服装をしていたら、それはやっぱりダサいし、無名のチャラチャラした高校生YouTuberがめちゃめちゃ面白い動画を作っていたら、それは面白いんです。

でも人間誰しも、権威あるものや人気のあるもの、自分の好きなものに流されてしまうんです。

僕もとしみつの服装がかっこいいなと思ったとき、**「その服いいやん。どこの？」ではなく「その服どこの？」「へぇ、いいやん」と言っているような気がします。**

この動画を編集していて、なんとなくそう思いました。そして反省しました。すげえ有名な詩人が書いた詩であっても、「意味わかんねぇな」と思ったら少なくとも僕にとっては価値がないわけです。

しばゆーが書いた詩であっても、「これは考えさせられるなぁ」と感じたなら、それは僕にとってさっきの詩人の書いた詩よりも価値があるのです。

ただ残念なのは、しばゆーの書いた詩は僕にとって価値がなかったし、詩人の書いた詩はやっぱり何か心をくすぐるものがありました。

つまり、やっぱりすごい人はすごいってことです。

この概要欄なんか中身ないね。

これも詩ってことにしていい？

（2019年2月13日公開／東海オンエア メインチャンネルより）

てつや、超高額腕時計どこにやったの？

【ニトロ爆弾君へ】

この動画のカメラマンをしてくれてありがとう。ご飯を食べてるときにしゃべる系のサブチャンはいつもカメラマンに困るから助かったよ。カメラマンだけ食べられなくてお寿司がカサカサになっちゃうからな。改めて観てみると**ゆめまるは全く喋《しゃべ》ってないからゆめまるに撮らせればよかったね。**

さて、せっかくだからサブチャンネル回しマスターの僕からちょっとしたアドバイスをさせてもらうとするぜ。

まず**カメラを自分の目線みたいな感じで左右に振るのはNGだぜ。**人間の目ってすごくて、パッパッて右！　左！って見ても全然平気なんだけど、カメラでそれをやろうとするとなんか全然違って、すごい酔っちゃったりするんだよね。カメラを振るのは最小限、なるべくゆっくり動かすように意識するといいんだぜ。

てつや、超高額腕時計どこにやったの？

もう1つは、**今喋ってる人を絶対に中央に映そうっていう気持ちをなくすことかな。**この動画のてつやみたいに、左端に喋ってる人がいたとするだろう？　その人を中央に映そうとすると、左端の人のさらに左側が空いてしまうんだね。右側にいる人たちの顔を犠牲にしてまで、左側の何もない部分を映すのはナンセンスだろう？　それに、左端の人が話した↓右端の人が話したってなる場合、左から右へ大きくカメラを振らなくちゃいけなくなるからさ。

別に喋ってる人が画面に映ってなくてもいいんだ。**カメラ持ちながら喋るだとか、カメラの外から喋ってくるとか、そういうのも「サブチャンっぽさ」だからさ。**すこしずつステップアップしていこうぜ。

僕も昔はめちゃめちゃカメラワークが下手《へた》くそで、**てつやによく殴られたり蹴《け》られたりしたものさ。**おっと、これはオフレコかな？

あと**「サブチャン」って変換しようとすると「サブちゃん」になるから気をつけろよな。**

（2019年2月15日公開／東海オンエアの控え室より）

CHAPTER

03

虫眼鏡の昔話

2ヶ月くらい前のフラペチーノがえらいことになっとる

よく「今までの人生に～番目くらいにキツかったわ」とか言う奴がいますが、そいつに「じゃあトップ5《ファイブ》言ってみて！」と聞いてみてください。**たぶんめんどくさそうな顔をすると思います。**だって適当に言っただけだもんね。

しかし、僕は確実に人生で一番キツかったと言える思い出があります。言葉にするとなんだかショボいんですが、**一人暮らしをしていて、食中毒になったとき**です。

そのときもちょうど今のように暑く、ものが傷みやすい季節でした。しかしその頃の僕は、なぜか自分のお腹が人よりも強いと錯覚していました。親から送られてきたペットボトルの野菜ジュースをラッパ飲みし、**冷蔵庫にも入れずそのまま放置**していました。

そいつが犯人でした。

次の日くらいに、ゴミの日だから空《あ》けようと思ってそのペットボトルを飲み干したのですが、その夜、**お腹の激痛と尋常ではない発汗、死**

2ヶ月くらい前のフラペチーノがえらいことになっとる

【地獄の始まり】第2回 ジャイアン選手権!!

んだ方がマシなくらいの吐き気に襲われました。

僕はそのとき、ロフトの上で寝ていたのですが、とても階段で降りられるわけがないと悟りました。ロフトの上から布団を落とし、そこにダイブして下に降りました。飛び降りた痛みなんて全く気になりませんでした。

便器の前にしゃがみこみ、水を飲んでは吐き、飲んでは吐きを繰り返し、「これはマジで救急車を呼ぼう」と思いましたが、近くに携帯がなく無念。そのまま気を失ったっぽいです。

気がつくと、便器に顔を突っ込んだまま朝(というかお昼)でした。**部屋中がゲロだらけでした。**というエピソードです。皆さんもペットボトルをラッパ飲みしたら、そのまま飲みきるようにしましょうね。

（２０１８年７月23日公開／東海オンエアの控え室より）

【ジャイアン選手権】同じ企画を10回やったらどれくらいつまらなくなるの？

※ジャイアン選手権 第2～10回概要欄

【地獄の始まり】第2回 ジャイアン選手権!!

もう幼い頃の遠い記憶になりますが、自分がアニメの登場人物と同じ年齢になったときは少し嬉《うれ》しかったような気がします。
小学校3年生になったときは、**「わぁ、僕もこれでちびまる子ちゃんと同じ年齢だ」**と思いましたし、**5年生になったときはのび太やカツオを意識していました。**
その頃はまだ、自分がどんどん年齢を重ねていくことが嬉しかったのです。自分がちょっとずつ偉くなっているのだと感じていたんでしょうね、単純に（第3回へ続く）。

【テンション↑↑】第3回 ジャイアン選手権!!

中学生・高校生にもなると、自分より年下の主人公が活躍するアニメをあまり観なくなりますよね。
そして、人によってはいわゆる「深夜アニメ」というものを観始めるようになるかもしれません。これは、単に夕方よりも深夜の方がヒマというだけでなく、主人公の年齢と自分の年齢が近いということと関連性があるのではないかと、虫眼鏡は推理したわけです（第4回へ続く）。

【調子いい時期】第4回 ジャイアン選手権!!

しかし、いわゆる「深夜アニメ」の主人公も、そんなにお年を召されているわけではありません。
なぜか親が海外に出張していたり、**早くに親を亡くしていたり、幼馴染《おさななじ》みの女の子が近くに住んでいたり、妙な組織の一員となったり、特殊な能力を操るための学校へ入学したり、様々な背景がある（ように見せかけている）**わけですけれども、主人公はだいたい16～17歳くらいです。で、髪色は黒の奴が多いです。おそらく制作サイドも、そのあたりの年齢の子供たちをターゲットにして、なるべく感情移入しやすいキャラクターを主人公にしているのでしょう(第5回へ続く)。

【ピーク】第5回 ジャイアン選手権!!

そもそも、**人間は自分と同じくらいの年齢の異性を魅力的に感じるのではないでしょうか?**

僕は小学生のかわいい女の子を見ても「彼女にしたいなぁ」なんて全く思いませんが、僕が小学生の頃は小学生の女の子を好きになっていたはずなんです。中高生・大人はもちろんのこと、おじいちゃんもやっぱりおばあちゃんとイチャイチャするものだと思います(このへんは想像です。おじいちゃんになってもJKが好きなのかもしれません。でもそれは僕がおじいちゃんになるまでわかりません)。

だから、おじさんが女子高生と歩いていたら**「おかしい! 援交だ!」**と感じますし、おじさんが小さな女の子にメロメロになっていたら**「おかしい! ロリコンだ! 通報通報!」**となりますよね。

もちろん、例外はあると思いますが、基本的に人間は自分と近い年齢の

【テンション↑↑】第3回 ジャイアン選手権!!

【調子いい時期】第4回 ジャイアン選手権!!

異性を魅力的に感じるよう、遺伝子にプログラムされている生き物なのでしょう（第6回へ続く）。

【ネタ切れ】第6回 ジャイアン選手権！

話は3次元から2次元へと戻ってきます。前述の**「人間、自分と近い年齢の人を魅力的に感じる説」**は、アニメ内でも言えることだと思います。僕自身も、高校生の頃は『ToLOVE《とらぶ》る』の西連寺《さいれんじ》春菜《はるな》ちゃんが大好きで、煮え切らない態度のリト君にいつもイライラしていましたし（ちなみに『ToLOVEるダークネス』に入ってからモモちゃんもいいなぁと思ったのは言うまでもありません）、『化物語《バケモノガタリ》』の羽川《はねかわ》さんが阿良々木《あららぎ》君にフラれてしまったことにかなりのショックを受けたりしていました。

ここで、3つの事実が浮かび上がってきます。

1つ目は、**「虫眼鏡は優等生キャラ好きがち」**という点です。やはり僕は現実でもおバカな女性は嫌いなので、これはある意味当然のことと言えます。『ハヤテのごとく！』の桂《かつら》ヒナギクちゃんも好きですしね。

2つ目は、**「リアルだと自分の好きな人と誰かが仲良くしている**

【ピーク】第5回 ジャイアン選手権!!

【ネタ切れ】第6回 ジャイアン選手権！

とヤキモチを妬《や》くのに、アニメの中だとなぜか主人公との恋を応援してしまう」という現象があるということです。これは非常に個人差があり、難しい問題なので、またどこか場を改めて議論することにしましょう。

そして3つ目は、**「話が脱線しすぎ」**ということです。第7回ではちゃんと話が戻っていますように（第7回へ続く）。

【大喜利疲れ】第7回 ジャイアン選手権！

さて、『氷菓《ひょうか》』の千反田《ちたんだ》さんも捨てがたいという気持ちを抑えつつ、話を戻していきます。

つまり、**「年を重ねるにつれ、魅力的に感じるキャラクターの選択肢が減ってしまう」という仮説**があるわけです。そして、「魅力的に感じるキャラクターがいないので、アニメを観ない」大人が誕生するわけですわ。そういう大人は、映画を観ますわな。だって映画の主人公はたいがい大人ですから。

もちろん、**「私おばさんだけどコナン好きだよ」**という方もいらっ

【大喜利疲れ】第7回 ジャイアン選手権！

しゃることでしょう。でも、**「キッドかっこいい！　でも平次《へいじ》もかっこいい！　どっちかなんて選べない！　どうしよう！　抱いて！」**という強い感情はまだありますか？　ありませんよね？

そういう意味では、子供の時ほどアニメを楽しみきれていないかもしれませんよね（第8回へ続く）。

【頭がバカになっちゃった】第8回 ジャイアン選手権！

ちょっと長くなってきて話をまとめるの大変になってきたわ。

で、僕は今でも鮮明に覚えていることがあります。

16歳の誕生日に「あ、僕工藤新一《くどうしんいち》と同い年になったわ」と感じたのですが、**僕はそこで初めて「悲しい」という感情を抱きました。**16歳なんて、まだ「もうおじさんだから年とるのいや〜ん」という年齢でもないのに、嬉しくなかったんです。

そう、僕は自分が感情移入できるキャラクターが減り始めているということを本能的に感じ、「悲しい」と感じてしまったのです（第9回へ続く）。

【ジャイアン選手権】同じ企画を10回やったらどれくらいつまらなくなるの？（第9回）

そもそも、人間はなぜ年をとることを嫌がるのでしょう。たくさんの理由があると思います。

体がだんだんと衰えていくから。人生の残り時間が減っていくから。見た目が魅力的でなくなってくるから。

僕はこれに加えて、**「憧れることができる人間の数が減るから」**と言いたいです。

アニメキャラを例えとして、長々と述べてきましたが、人間は自分と同じ年齢（もしくは年上）に憧れを抱くことが多く、逆に年下にはある意味軽蔑というか、甘く見ているというか（いい言葉が見つかりませんが、なんとなく自分の方が上だなと思ってしまうってことを言いたい）、そういう感情を抱くことが多いのではないでしょうか。

それはやっぱり嫌なことだと思います。何歳になっても常に憧れの存在っていうものはいて欲しいんです（第10回へ続く）。

【ラストスパート】第10回 ジャイアン選手権！

やばい、最終回だ。うまくまとめないと。

では、年をとるにつれて減ってしまう憧れの存在というものに対し、僕たちはどう向き合えばいいのでしょうか。

【頭がバカになっちゃった】第8回ジャイアン選手権！

【ジャイアン選手権】同じ企画を10回やったらどれくらいつまらなくなるの？（第9回）

僕の思う答えは、**「とにかく出会いを増やす」**ことだと思います。
現実でも、アニメの世界でも、映画の世界でもなんでもいいです。**たくさんの新しい出会いを経《へ》て、新たな憧れの存在を見つけ出せばいいんです。**

中には、年齢なんて関係なく尊敬できたり、憧れたりできる人やキャラクターがいるはずです。生きている間に、どれだけそういった恒久的な憧れの存在を見つけられるかというのはとても大切なことだと僕は考えます。

みんな、新しい出会いにどんどんチャレンジしていこうぜ！

さて、まとまったでしょうか。くれぐれもここまでの文章をひとまとめにしたりなんかしないでくれよ！ どこかでズレが生じてるはずだから！ 二度とこんな企画やらねえよ！ 提案したの誰だよ！ 俺だよ!!（完）

（2018年7月28日公開／【第9回】東海オンエア メインチャンネル、【第2〜8回、第10回】東海オンエアの控え室より）

全員妙にテンションが低い晩御飯じゃんけん

【ラストスパート】第10回 ジャイアン選手権！

全員妙にテンションが低い晩御飯じゃんけん

お母さんが御飯を作ってくれていた頃は、こちらサイドの好き嫌いなどをほとんど忖度《そんたく》せずにメニューを決めてくれるので、色々なものを食べられていました。

「今日の御飯なに〜?」「ん〜、なんか鶏肉の煮たヤツ」**「(チッ、今日はハズレか…)」**というやりとりを皆さんもしたことがあると思います。そのときは、「鶏肉の煮たヤツなんて食う価値ねぇわ」と思っているかもしれませんが、それ以外で「鶏肉の煮たヤツ」食う機会ないですからね。御飯食べに行こうってなったときに、「今日はなんか鶏肉の煮たヤツ食いたい気分!」とはならないですもんね。**色々な種類のものを強制的に食べさせてくる母親という存在は、意外とありがたいものだったのかもしれません。**

大人になってしまうと、晩御飯の選択肢が極端に減ります。敢《あ》えて自分の好きじゃないものを選んで食うことはないからです。煮魚なんて意識しなければ一生食いません。

でも、健康のことを思えば色々なメニューを食べた方がいいですよね。今日の晩御飯のメニューを強制的に決めてくれる、「バーチャルおかん」というアプリを誰か作ってください。

(2018年7月31日公開/東海オンエアの控え室より)

【俺らは大人】小学生の算数のテストなんて100点取れなきゃおかしいでしょ!

この動画の中でキーワードになっている(もはやなっていない)**「特別なことはできなくても**

いいけど、当たり前のことだけは当たり前にやれ」的な言葉は、大学時代働いていたバイト先の店長に言われた言葉です。

その店長のことはあまり尊敬もしていませんし、仲も良くありませんでしたが、なぜか僕のことを理解してくれる（別に嬉しくはなかったので「理解してきやがる」が正しいかもしれない）ので、彼に言われた言葉は結構今でも覚えています。よくよく考えてみれば別に大した言葉ではないんですけどね。

多分この言葉も「人から優秀だと見られたい！」という僕の性格を見抜いて、皮肉のように言ってきた言葉だったような気がするので、素敵な言葉だなぁなんて全く思わないのですが、それでもけっこう**僕の中ではいつも行動の指針となってきました。**憧れの人だとか親友だとか恋人じゃなくても、そういう出会いってあるんですね。

ちなみにその店長に言われて一番ショックだったのは、**「お前は自分をバカだと見せたがる真面目な奴だ」**という言葉です。YouTuberに向いてなさすぎませんか。

（2018年9月22日公開／東海オンエア メインチャンネルより）

【ボケ具合を想像せよ】前の人よりもマズい料理を作らなきゃダメゲーム！

僕は**大学時代、仕送りもなく一人暮らしをしていた**ので、いわゆる極貧生活を送っていました。もちろんご飯は全て自炊でした。

その当時、なぜか僕はめちゃくちゃご飯をたくさん食べるタイプだったので、安くてお腹いっぱいになる料理ばかり食べていましたね……。

今日の動画では麻婆《マーボー》豆腐さんが活躍していましたが、大学生時代の僕も彼にはかなりお世話になっていました。**安い・味が濃い・すぐ作れるという3拍子揃《そろ》った名選手**で、今でも大好物です。

今日は、極貧の皆さんに僕が日常的に食べていた大学生めしを伝授していきたいと思います。テーマは**「如何《いか》にしてご飯を1合食うか」**です。

1　ツナ缶の醤油マヨネーズがけ

大学生にとってツナ缶は超高級食材です。**シャトーブリアンと同じくらいの価値があります。**

じゃあ皆さんシャトーブリアンを色々料理して食べますか？　せいぜい焼くだけですよね？

というわけで、このツナ缶もそのまま食べます。**缶を開けて、中に醤油をダポダポに注《そそ》ぎ込みます。**この缶半分くらいでご飯を1合食べら

【俺らは大人】小学生の算数のテストなんて100点取れなきゃおかしいでしょ！

【ボケ具合を想像せよ】前の人よりもマズい料理を作らなきゃダメゲーム！

れるので、一旦ラップをかけてしまっておきましょう。

さて、家に帰ってくるとツナが醤油を吸って黒々としています。ここで**マヨネーズを大量に追加し、身をほぐしていきましょう。**これでさらに1合食べられます。

2　目玉焼き丼

そう、別にマヨネーズと醤油があればご飯なんていくらでも食べられるのです。ただ、ご飯に直接マヨをかけるのだけは、**いくら極貧といえどもプライドが許しません。**

そこで、半熟の目玉焼きを2つくらい焼いてご飯の上にのせ、崩しながらマヨと醤油をかけることにより、あたかも「ちゃんと料理を食べているんだぞ」と自分を騙《だま》すことができます。**お金がなくとも自尊心だけは売ってはいけないのです。**

3　ラーメンの残り汁リゾット

たまに、お米を1合食えるほどではない料理を生み出してしまったとき、微妙にご飯が残ってしまいます。これは冷凍しておくのですが、マジで微妙な量なので使いづらいです。

そこで活躍するのが袋ラーメンです。大学生ともなると袋ラーメンを1袋食べたくらいでは全くお腹がいっぱいになりません。そこで、その**残り汁に解凍したご飯をぶち込み、しばらく煮るといい感じにお米が膨らんできます。**

ただ、このままだと見た目がちょっとゴミすぎるので、チーズを加えたりだとか、ネギとゴマを加えたりして、これまた**「これは雑炊《ぞうすい》orリゾットだ」と自分に言い聞かせる**のです。

さて、いかがだったでしょうか。「気持ち悪《わる》っ」と多くの皆さんは思うことと思いますが、大学生の一人暮らしはこんなもんです。プライドは切り売りしていくしかないのです。ただ、**最後の最後の自尊心は守りましょう。**

そして皆さんはさらにこう思うことでしょう。

「今日の概要欄長くね？」

はい、僕もそう思っています。

（2018年9月27日公開／東海オンエア メインチャンネルより）

画面の中のキズナアイちゃんに急に名前を呼ばれブチギレられるドッキリ！

小学生の頃、好きな女の子に「かわいい」と言うことがどれだけ勇気のいることであったか。友達に「お前あいつのこと好きなんでしょ！」と指摘されれば、「好きじゃねーし！　あんなブス！」と時には悪態をつかないといけないほど、**「かわいい」という言葉のハードルは高かったのです。**

しかし今となってはどうでしょう。**「かわいい」の大安売りですよ。**

会話に困ったら「かわいい」ですよ。

合コンではすぐ「かわいい」（虫眼鏡は合コンをしませんが）。キャバクラに行けばまず「かわいい」（虫眼鏡はキャバクラに行きませんが）。デリヘル嬢を呼べばまず「かわいい」（虫眼鏡はデリヘルを呼びませんが）。

別に「かわいい」と言うことが恥ずかしいことではないと、人生の経験の中で学んでしまったが故《ゆえ》、**「かわいい」という言葉の価値が暴落してしまっているのです。**

そんな僕たちのやっすい「かわいい」ではありますが、ここでもう一度改めて言わせてください。

アイちゃんめっちゃかわいい。

©Kizuna AI

画面の中のキズナアイちゃんに急に名前を呼ばれブチギレられるドッキリ！

友達の描いた風景画だけを頼りに目的地へたどり着け！

（2018年11月10日公開／東海オンエア メインチャンネルより）

友達の描いた風景画だけを頼りに目的地へたどり着け！

写生大会の日に、**「今日は射精大会か〜昨日もおとといも抜いてないから俺優勝候補だな〜」**とか言う奴、だいたい野球部。どうも、虫眼鏡です。

学生時代、「苦手な教科は？」と聞かれることがしばしばありました。そのとき、僕は「美術」と答えることにしていました。

別に美術自体は嫌いではなかったのですが、なぜか通知表で5がとれなかったからです。9教科の内申点で42をとったときも、美術だけ3をつけてくれやがりました。テストもよかったのに。

単純に僕が美術教師のじいさんにナメた態度をとっていたことが原因かもしれませんが、当時の僕は**「なんかプロにしかわからない致命的な欠陥があるのだろう、僕は絵を描くことと習字はもう捨てよう」**と怯《おび》えていました（僕はなぜか習字がめちゃめちゃ下手《へた》です）。

しかし、なぜかYouTuberになって色んなものを作ったり、色んなものの絵を描いたりするうちに、やっぱり美術嫌いじゃないなと気づきました（上手《じょうず》かどうかはさておき）。もっとちゃんと勉強しておけばよかったです。
というかYouTuberに限らず、「大人になってから実は役立つ教科ランキング」では、多分国語に次いで2位にランクインするのではないでしょうか。僕も絵が描きたいのに描けなくて何度悔しい思いをしたことか。りょうくんがうらやましいです。

絵が描ければ、大喜利で困ったときの突破口ができるし、専門的な映像編集を学ぶとっかかりにもなります。**かわいい女の子のあられもない姿を自分で描いて満足することもできます。**

つまらんダジャレを飛ばしてる野球部の諸君も、資料集でおっぱいが出てる絵画を探す暇があったら、少しは真面目に絵の描き方を学んだらどうだね!!

（2019年2月6日公開／東海オンエア メインチャンネルより）

CHAPTER

04

虫眼鏡の愉しみ

3日断食《だんじき》した男は最初に何を食べるのか…？

子供がピーマンを嫌いがちなのは「苦いから」なんだそうです。苦いものを嫌がるのは、**「苦いってことは……もしかして毒じゃね！　危ねえから食べんどこ！」**という人間にとって自然な反応なんだとか。酸《す》っぱいものに対しても、「腐ってるかもしれんげ、食べんどこ」という反応が起こるため、小さい子供は本能的に嫌いがちだと大学の先生が言っていました。で、だんだん成長するにつれて、「お、苦かったり酸っぱかったりしても安全な食べ物もあるやんけ！」ということを学び、だんだん好き嫌いがなくなっていくんだそうです。

しかし、その考えだと**「おいしい＝体にいい」**となりそうなものです。なぜかポテトチップスやラーメンはおいしいのに体に良くはありませんよね。

これに関しては、昔の人間は餓死という危険がリアルにあったので、単純に**「カロリーが高い＝体にいい」とインプットされてい**

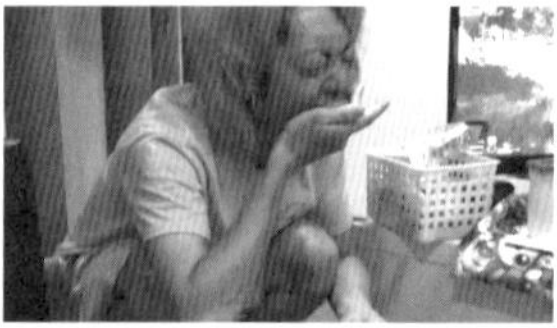
3日断食した男は最初に何を食べるのか…？

プールでは水泳をするのが当たり前です

るのだそう。今でこそデブは健康を害するとか自己管理がなってないとか臭《くさ》いとか色々言われますけど、もし今日本から急に食べ物がなくなったら、たぶんデブが最後まで生き残りますからね。りょうくんとてつやはすぐ死んで僕とゆめまるが残りますからね。

しかし、こんな飽食の時代が長く続いていけば、いつか本当に「体にいいもの」をおいしく感じるように人間は進化していくかもしれませんね。**子供の好きな食べ物ナンバーワンがひじきになるんですかね。**

（2018年6月5日公開／東海オンエアの控え室より）

プールでは水泳をするのが当たり前です

お腹が最近だらしなくなってきて、運動をしなくてはと心がけている今日この頃です。脂肪を燃やすのには「有酸素運動」がいいともっぱらの評判ですが、皆さんのおすすめ運動法はなんでしょうか。

僕は断然水泳派です。水泳は体に負担が少なく、適度に筋肉も使います。何しろ消費カロリー効率が他のスポーツとは段違いです。とある調査によると、**平泳ぎはウォーキングの約8倍、ラ**

ンニングの約1・5倍のカロリーを消費するそうです。

僕もプールに行くと結構ストイックに泳ぐんですが、水中なので疲労感はそんなにありません。最後まで楽しく泳ぐことができます。特に今の時期なんかは暑くならなくていいですよね。（今気づいたんだけど、太ってる人のおすすめって意味なくない？　ネガキャンじゃない？）

しかし、**東海オンエアには陸上部で長距離をやっていた奴らがいる**ので、「ランニングの方が楽しい」などと意味不明な陳述を繰り返します。人それぞれ意見があっていいと思いますが、僕は死ぬまで「走るって……最《さい》っ高《こう》〜！」という感覚を味わうことはないでしょう。**母なる海から生まれたことを忘れた人間どもめ。**

とりあえず近所のコンビニまで行くのを徒歩から平泳ぎに変えたいですね。だれか水張ってくれませんかね。

（2018年8月11日公開／東海オンエアの控え室より）

クエン酸飲ませてみた

実は**人間って飲み物だけで生きていける説。**

飲み物の中にはカロリーをたくさん含んだものも、栄養を含んだものもあります。現に僕は入院していたとき、何日もご飯を食べなかったのですが、点滴だけで全くお腹が減らなかった思い出があります。

ということはですよ、**もはや「食べる」という行為は人間にとって生命維持に必須の活動ではなく、ただの娯楽なのかもしれません。**

……ということを書きかけて虫眼鏡は思いました。

「噛む」という行為は食べ物を飲み物に変換する作業なのではないかと。ということはあらゆる食べ物はいずれ飲み物になるということだから、人間は飲み物だけで生きていけるという前提は非常に曖昧《あいまい》なのではないかと。

水は飲み物ですか？　飲み物ですね？

じゃあフラペチーノは飲み物ですか？

カレーライスのライスと具を全部取っ払ったあれは飲み物ですか？　食べ物なんですか？

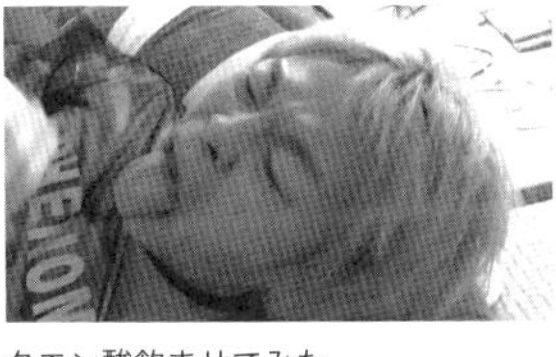

クエン酸飲ませてみた

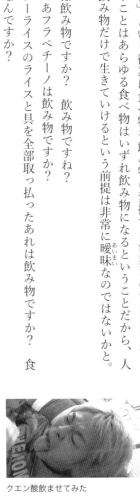

じゃあプリンをぐちゃぐちゃにミキサーにかけたものは食べ物ですか？

そう、**人間はとっくに飲み物だけで生きていたのかもしれません。**得意げに「カレーは飲み物でしょ（ドヤ）」とか言っている人も、実はあながち間違ってはいないのかもしれませんね。

まぁだからなんなんだよっていう話ですが。

（2018年9月15日公開／東海オンエアの控え室より）

【名曲誕生？】東海オンエアガチ作詞対決!!

「みんなと一緒」であることを妙に気にする日本人ですが、意外に「好きな音楽」って人によってバラバラだなぁと思います。

すごい大人しくて顔も綺麗な女の子がバンギャでめちゃめちゃ遠征してたり、超いかついのに意外と森山直太朗《もりやまなおたろう》聴いていたり、はたまたイメージ通り湘南《しょうなん》乃《の》風《かぜ》を聴いていたり。それだけ音楽の好みっていうのは様々で、単純に優劣をつけられるものではないんだなぁと感じます。

【名曲誕生？】東海オンエアガチ作詞対決!!

てつやにおむつをはかせてみました

特に詞の好みってのはかなり個性が出ますよね。ストレートでわかりやすいウルフルズみたいな歌詞もあれば、ひねりすぎてもう正直何言ってるのかわからん歌詞もありますし（僕はこういうのが好きです）、**「いや、メロが良ければよくね？」とか言ってバカのくせに洋楽聴く奴もいます。**でも全員正しいんです。それがその人の心にカッチリとハマってるんです。

ここまではっきりと個性が出ると、なんか遺伝子レベルで心地よいと感じる仕組みに何か法則があるのではないかとすら思ってしまいます。

そのうち血液型ではなく、**「サザン型」「AKB型」「関《かん》ジャニ型」「神前暁《こうさきさとる》型」「BUMP《バンプ》型」**みたいに性格診断されたり、チーム分けされたりするようになるかもしれませんね。めちゃチームワークとか良さそうだし。

（2018年11月21日公開／東海オンエア メインチャンネルより）

てつやにおむつをはかせてみました

女性の**パンツを見ちゃダメ**というルール、よくわかりませんね。男のは見るくせに。

そして**下着はダメだけど水着は見てもOK**というルールもよくわかりませんね。

「スカートの下はいてるもーん」とか言って紺色のパンツみたいなもの見せるのはOKで、紺色のパンツはNGなんですよね。

多分ですけど女性がおむつ見せるのはOKで、パンツはやっぱりNGですよね。

なんかこの**「女性が下着見せるのはダメ」というルール、ガバガバすぎてもしかしたら間違っているという可能性はありませんか？**

よく考えてみたらあんな堂々とマネキンに下着着《つ》けて売ってるくらいなんだから、別にあの布切れ自体はエッチなものではないはずです。下着屋さんの前を通過するとき、ちょっとだけどこに視線を向ければいいのか悩む男の身にもなってください。

せっかくかわいいデザインの下着をはいているんだから、**もっと見せてくれてもいいんですよ？** 女性の皆さん、考えておいてください。

（２０１８年６月27日公開／東海オンエアの控え室より）

【恒例行事】う●こ流さなかったのは誰だ

う〇こなんて伏せ字にしていますが、実はこれ……うんこなんです!!

「えっ！　うんこなの！　サイテー!!」なんて思う人はいませんよね？
そう、**人間はなぜか伏せ字を読み取ることができるのです!!**
これは地味にすごい能力だと思いませんか。

虫眼鏡も概要欄の本を出版するときに、出版社の方が「校閲」という作業を行ってくれたのですが（誤字脱字とか漢字の間違がいとか事実関係の確認とか色々チェックする作業のこと）、校閲をしている人の中には本を逆さまに読む人もいるんだそうです。なぜかというと、ちょとくらい文字が間違ていても、脳が勝手に正しい分に修正してしまって、間違いに気づかないらかなんだそうです。

ということは、僕が概要欄で少々誤字をしたところで、皆さんは意味がわからなくなってしまうなんてことはないいんですよ。もし僕がここで誤字をしていたからといって、いちいち指摘しなくてもいいんです。だって人間にはこんな優れた能力があるのですから。

（２０１８年９月14日公開／東海オンエアの控え室より）

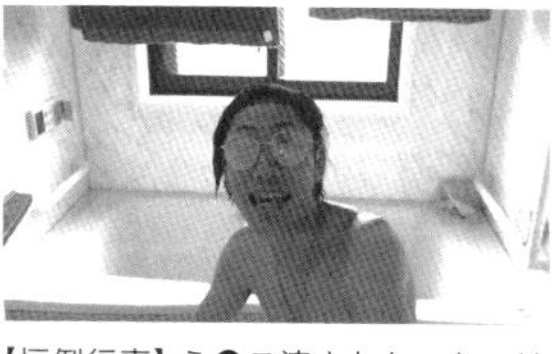

【恒例行事】う●こ流さなかったのは誰だ

手術3日前に体が異様に臭い男

「近所に露出をする変質者がいるから注意してね」という先生からの注意を聞いて「どうやって気をつけるの?」と思っていた虫眼鏡です。当時は「ちん○ん見せられて何が怖いの?」と思っていましたが、今この年になって想像してみると、**めちゃくちゃ怖い**ですね。僕は意外なことにおっぱいが大好きなんですが、たとえおっぱいであっても知らない人に急に見せつけられたらめちゃくちゃ怖いと思います。

つまり、**急にえっちなものを見せられると人は恐怖を感じるってことですね。**ということで、日本には「公然わいせつ罪」という罪があるのですが（今間違えないように調べてみたら太ももを卑猥《ひわい》に露出することも軽犯罪法違反になる可能性があるらしいです。いいやんけ別に）、どこからが「公然」なのでしょうか。

僕はよく**お風呂から出たあと、全裸でしばらく体を冷ます習性がある**ということで有名なのですが、もしそのときにカーテンが開いていて、偶然そこを通った女子中学生にそれを見られてしまった場合、僕は有

手術３日前に体が異様に臭い男

てつゆめNY旅行記 〜カジノの結果はいかに〜

罪なのでしょうか。自分の家の中で裸でいるだけだし、誰かに見せつけようと思ってもいないのに罪なのでしょうか。じゃあレースのカーテンだけ閉まっていて、ちょっとだけちん○んが見えているのはセーフなのでしょうか。もしこの状況の男女が逆の場合、見た男の方が悪いような印象を持ちますけど、そこはやはり**「女性だから」という大義名分が通用するのでしょうか。**

他にも、「自分の私有地のめっちゃ広い山の中ならフルチンでもいいのか」「外にえっちな下着を干すのはわいせつ物陳列罪にあたらないのか」「人によってはえっちだなぁと感じるような部位（デコルテとかうなじとか）の大きな写真を掲げて歩いても罪ではないのか」などなど、わいせつという曖昧《あいまい》な基準のせいで知りたいことがたくさんあります。僕は全く興味ありませんが、この概要欄を読んでいる人が気になるかもしれないので、**法学部の学生さん、ぜひ教えてください。**

（2018年12月6日公開／東海オンエアの控え室より）

てつゆめNY旅行記～カジノの結果はいかに～

旅行って行く前や着いたばかりは楽しいのに、どこかで**「もういいや。帰りてぇ」**ってなりませんか？

僕がお家《うち》好きすぎるというのもありますし、岡崎《おかざき》市の魅力がとどまることを知らないということもありますけど、どんな場所でも長く滞在すればするほど「飽き」が生じてくるのは致し方のないことではないでしょうか。**「飽き」て退屈になるのがヨソの場所、「慣れ」て快適になるのがふるさとといったところでしょう。**

「ふるさと」といえば、調子に乗ったつまらん奴が「う～さ～ぎおいしい～」と歌うのは全国共通でしょうか。「コ～ブ～ラ～つ～りし～」もあるあるですか？

当時この替え歌でなぜか爆笑をかっさらっていた酒井《さかい》くんは元気でしょうか。**酒井くんはまだ、ふるさとに住んでいるのでしょうか……。**

（2019年1月28日公開／東海オンエアの控え室より）

CHAPTER

05

虫眼鏡の長い概要欄

虫眼鏡の闇の部分、話すわ ～税金の話～

「好感度は課金してでも買え」という言葉があります。今僕が考えました。
好感度の低い人は正当に評価されないのです。

例えば虫眼鏡が女性関係で揉《も》めに揉め、3股をして大炎上したとしましょう。そうすると、虫眼鏡がYouTubeに超面白い動画をアップしたとしても、その動画のコメント欄には「糞《くそ》眼鏡」「生理的に無理」「よく見るとかっこいい」といったような罵詈雑言《ばりぞうごん》が並んでしまいます。つまり、作り手である虫眼鏡自体が否定され、もはや正当に動画の評価をしてもらえなくなってしまうわけです。こうなるといかに虫眼鏡が優秀だとしても、YouTuberとして成功することは難しくなってしまいます。

現に、ちょっとしたやらかしからいわゆる〝炎上〟をしてしまい、【低評価の嵐】【「謝罪しろ」のオンパレード】、そして【活動休止】の華麗な3連単を決めるYouTuberは決して少なくありません。しかし、彼らの犯した過ちは往々にして「そんなの別にいいやん」っていうレベルのものだったりします。もし彼らがただのサラリーマンであったならば、他人からその過ちについてわざわざ咎《とが》められることもないでしょう。「次から気をつけよ〜っぴ」と心の中でつぶやいておしまいです。YouTuberだからこそ、普通の人よりも高いモラルを持って生活しなくてはいけないのです。

もちろん、この言葉はYouTuberにだけ当てはまるというわけではありません。いわゆる〝人気商売〟を生業《なりわい》にしている人間にとって、好感度の高い低いは死活問題なのではないでしょうか。もし自分が誰かにお仕事をお願いするとしたら、誰しもが好感度の高い人間に頼みたいと思うはずですから。好感度とお給料は直結しているとも言えるのです。

言わなくてもわかると思いますが、〝人気商売〟をしている人間だって聖人君子ではありません。運転してるとき、前の車に「遅《おせ》えなぁ、◯ねや」って言いますし、SNSでダル い絡み方をしてくる人間をサタンの名において呪ったりもします。ただ、そういった闇の部分をきっちりと隠し、「人に見られてもいいキレイな自分」をうまく作り出す能力が、〝人気商売〟をしている人間にとっての必須スキルなのです。全ての人間が無意識のうちに行《おこな》っていることかもしれませんが、〝人気商売〟をしている人間は「他の人よりもさらにキレイな自分」を生み出さなければならないのです。ときどき少し窮屈に感じることもあるんですが、それがいわゆる「有名税」ってやつなのかもしれませんね。

とはいうものの、あまり溜め込みすぎるのもよくありません。

表の自分を良く見せたい！　という気持ちがあまりに強すぎると、闇のパワーが体内で収束し、ＤＶマスターになってしまうからです。ＤＶマスターは逮捕されがちです。

溜め込みすぎず、許される範囲でこまめに自分の闇を外に出していくことが、心身ともに健康的な生活を送る上で大事なんだと僕は思います。最近観たとある動画の中でも、ナース姿のかわいい女性が、両手を怪我《けが》してしまった男の患者さんの下半身を撫《な》でながら、「こ〜んなにたくさん溜めて。苦しいでしょ？」って言ってました！　やっぱりちょくちょく出した方がいいってことだと思います！

ということで、前置きが長くなりましたが、ここからは虫眼鏡が「本当は言いたいけど好感度を気にして我慢していること」を射精、もとい自省の意味を込めつつ書き連ねていきたいと思います。つまり裏・虫眼鏡が、普段なかなか言えない愚痴《ぐち》を文章にしちゃうよってことです。でもだからといって、この文章をコピーしてＳＮＳで「虫眼鏡がこんなこと言ってたよ〜！　最低な男〜！　でもよく見るとかっこいいけど〜」とか言うのはやめてください。「お前の愚痴なんて聞きたくないわ」と感じる方は、無理にこの先を読み進めなくてもいいです。４行以内にどこかに行ってください。


最近マジでワキガかもしれないって悩んでるんですよね〜お風呂でしっかり洗ってもお風呂上がりにほんのり臭《くさ》いんですよね〜まだ病的なレベル

ではなさそうだけどね～ ワキ毛を剃《そ》ったら少しは改善するのかなぁ～ でもワキ毛のない男の人ってちょっと「なんで？」ってなるよね～

さて、いなくなったな？ ここには僕の闇部分を見ても引いたりしない奴らしかおらんな？

始めるぞ？

僕は銀行口座を2つ持っています。1つは東海オンエアの活動から得た巨万の富を蓄えている口座。もう1つの口座は、毎月実際に生活で使うちょっとしたお金を巨万口座から移動させるための口座です（ちなみに巨万口座というのは冗談です。そんなみんな本気にするなってば。80兆円くらいしかないってば）。

基本的には巨万口座じゃない方の口座しか使わないので、巨万口座に今いくら入っているのかというのは曖昧《あいまい》だったりします。もちろん出入金の記録はしっかり管理していますけどね。

つい先日、僕はなんの気なしに「そういえば巨万口座って今いくらくらい入ってるんだったっけ」と思い、口座を照会してみました（金額の話をすると生々しいので、今僕が作り出した通貨【メガネ】を用いたいと思います。1メガネが何円なのかは皆さんのご想像にお任せします）。

今までの預金と最近の給料をなんとなく計算してみると、1億メガネくらいは入っているんじゃないかと予想できたんですね。そんな気持ちでスマホの画面を見てみると、あらびっくり。6000万メガネくらいしか入っていないんですね。

「まぁあんまり頻繁にチェックしてたわけじゃないからね、こんなもんだったっけ〜」っていうレベルの減り方じゃないんですよ。（メガネ界で）家買ったの？　ってレベルの減り方してるんですわ。

さすがにちょっと怖くなりますよね。僕は知らず知らずのうちにとんでもない額のお金をどこかで使ってしまっていたのか。もしくは僕の知り合いや事務所の人間の中に犯罪者がいるんじゃないか。これはわからないままにしておいてはいけないと思い、僕の経理をお任せしている方にどうなってんじゃと連絡しました（僕の所属している事務所ではそういうことを全部やってくれる人がいるのです。ちなみに美人）。さすがに美人なだけのことはあり、すぐに返事が返ってきました。

「窓口納付した分が地方税、もうひとつ引き落とされているものが国税になります！」

税金でした。ぜいきん。ＺＥＩＫＩＮ。

日本円でいくらだよ〜んと言えないのが非常にもどかしいですが、ちょっと引くレベルの金額を一瞬にして納税していたらしいです。今まで貯めに貯めた貯金の40％くらいが忽然《こつぜん》と消えていました。誰かから「払ってくれてありがとう」と言われるわけでもなく、僕が稼《かせ》いだ4000万メガネは僕のものではなくなりました。今までありがとう。

僕の4000万メガネ紛失事件はこうして幕を閉じました。誰も悪い人はいなかったし、無駄になったお金もなかったのです。虫眼鏡は正当なルールに則《のっと》り、納税の義務を果たしただけでした。めでたしめでたし。

そんなわけあるかぁ!! 納得できん!!!

はい、みなさんはこう言いたいんでしょう。

「いや、それ国民の義務だから。全員同じだから」

それはわかっています。今さら失われた4000万メガネを取り返そうとも思っていません。僕よりもたくさんのメガネを納めている人がいることもわかっています。

ただ、この「税金」というシステムに一言言ってやらないと気が済まないのです。

そもそも、税金とはなんでしょう。Ｃｈｒｏｍｅ《クローム》に「税金とは」と打ち込んでみたところ、にっくき財務省のウェブサイトが出てきました。そこにはこうあります。

「税金とは、年金・医療などの社会保障・福祉や、水道、道路などの社会資本整備、教育、警察、防衛といった公的サービスを運営するための費用を賄《まかな》うものです。みんなが互いに支え合い、共によりよい社会を作っていくため、この費用を広く公平に分かち合うことが必要です」（引用です）

なるほどね。日本国民全員が使うであろう公的サービスを、国が運営するためのシステムなんだね。確かに、自分１人の資金でこれらのサービスを個人的に運営することはできないからなぁ。国に運営をお願いする代わりに、そのための費用を国民全員が公平に負担すべきなんだね。

……どこがァ!!? どこが公平なの？ みんな４０００万メガネ払ってるの？

僕が他の人よりめっちゃ水道水飲んだりめっちゃ道路壊したりめっちゃ警察のお世話になるならまだわかるよ？ でもそんなことないよ？ むしろ水はＡｍａｚｏｎ《アマゾン》でペットボトル買って飲んでるよ？ なんで他の人と同じだけ使うのに、他の人よりもたくさん税金を払わなきゃいけないの？

そこで出てくるのが「累進課税」というシステムです。シンプルなようでいて、よく考えてみるととても凶悪なシステムです。皆さんも社会の授業で習ったと思いますが、すごく簡単に言うと「たくさん稼いでいる人ほど高い税率をかけるよ」というシステムです。お給料をどれだけもらっているのかによって、5％から45％の間で税率が段階的に上がっていくのです。

いや、意味わからなくないですか？　45％って。ほぼ半分ですよ。

だったらもう2日に1日しか働きませんよ。絶対その方がいいじゃないですか。

そもそも、みんなが同じだけ使うもので、その「費用を広く公平に分かち合う」なら、全員同じ額を負担するのが当然ではないでしょうか。レストランで同じ「ハンバーグ＆チキン南蛮セット」を食べたのに、「あなたは貧乏ですね、じゃあ580円でいいです」「あなたは稼いでますね、3500円です」とはならないですよね？「金持ちはたくさん払え」という考えが独特すぎて、なかなか腑《ふ》に落ちません。

それに対し、「お金持ちの1万円と貧乏人の1万円は価値が違うじゃろがい」と言われる方がいるかもしれません。思わず、「いや、貧乏なのはその人がいけないんじゃないの……？」と言いたくなってしまうところですが、そこはお口チャックします。働きたくないだとか、学生時代ろくに勉強もせず遊んでばかりいただとか、適当に就職先を選んでしまっただとか、そういう奴らが貧乏なのは自業自得です。でも、家庭環境や身体的なハンディキャップなどといったどうしようもない要因により、「すごく頑張ってるのに経済的に苦しい」人がいることも事実です。逆に、「たいして頑張ってもないのに大金持ち」って奴もいますから、稼ぎの多い少ないを努力の多い少ないにすり替えるのはよくないですね。そう考えると、確かに「お金持ちの１万円と貧乏人の１万円は価値が違う」という指摘も的を射《い》ているのかもしれません。

でも、だったら全員同じ税率でいいんじゃなかろうか。

例えば全員に10%の税率を課したとします。１００万円しか稼いでいない人は10万円、１千万円稼いでいる人は１００万円を納税します。

「自分が精一杯働いた時間の10分の1は国のため」ということになれば、ある意味同じだけの価値(時間)を支払っていると言えます。これなら僕は他の人より多い金額を納税しても文句は言いません。現に、僕はさっき累進課税制度について調べているときに「全国民が平等に10%の負担をすれば国は豊かになる」という一文を見つけました。これでいいじゃないですか。

なのに！　なぜ！　さらに税率を高くする必要があるのですか！

さっきの考えで言えば、稼ぎの少ない人は働いた時間の95％は自分のために働いている時間です。一方、稼ぎがMAX多い人は、1日の労働の55％しか自分のために働けません。もはや稼ぎの多い人の労働を軽《かろ》んじているとしか思えなくなってきます。不平等を是正しようとしすぎて逆に新たな不平等を生んでしまったようにしか思えません。

なぜこんな不平等が国のルールとしてのさばっているのでしょうか。

今日僕の家に届いた選挙のチラシには、「消費税増税ストップ！　大企業と富裕層に負担を！」と書いてありました。結局そういうことなんですよね。

たぶん日本には、めちゃめちゃ稼いでいる人よりも、あまり稼げていない人の方が多いんですよね。だから、稼げていない人を優遇すればより多くの票が集まり、選挙に当選でき、社会のルールを変えることができるということですよね。めちゃめちゃ稼いでいる人は、少なからず僕と同じような不満を持っていると思いますが、数が少ないので封殺されてしまう。まさに数の暴力です。ていうか、これ僕自分で自分のこと富裕層って言ってることにならない？　そんなことないからね？　その方がわかりやすいからそう表現してるだけだからね？

しかも、「すまん！　ちょっと他の人より負担お願いしちゃってるね！」っていうことを絶対に認めないのになおさら腹が立ちます。なに「このシステムは公平ですよ～」感を出してるんだ。「国民の義務なので」じゃねえわ。てめえらが当選したいから大衆に媚《こび》売って都合よく作っただけのルールだろうが。おっと、口が悪くなってしまいましたね。

極論ですが、高額納税者を優遇するようなシステムとかがあれば、少しは自分を納得させられると思うんですけどね。友達とこの話をしたとき、そいつが「24時間いつでも駆けつけてくれる自分専用のタクシーが欲しい」と言っているのを聞き、「それならもっと払ってもいいくらいだなぁ」と思いましたもん。

そういえば僕が骨を折ったときも、今にも気を失いそうな状況でなんとか病院にたどり着いた僕は待合室で延々と待たされたのにもかかわらず、社会保障の恩恵をバリバリ受けてそうなおじいちゃんおばあちゃんが楽しそうにお医者さんと談笑しているのを見て、「この人たちの医療費は僕が払ってるんだぞ！　僕を優先しろよ！」と言いたくなりました。

ただ、ここで出てくるのが「平等」です。

「タクシーはみんなが使うものです、あなた専用にするのは不平等でしょう？」「おじいちゃんおばあちゃんだってどこかしら悪いところがあるんです、ちゃんと順番があるんですよ？」

おっしゃる通りです。こういうときだけ平等を振りかざしやがって……！

さて、ここまでつらつらと愚痴を書いてきました。でもこれって、もう仕方のないことなんだと思います。多分、今までにも僕みたいな文句を言う人がいて、そういう人の味方になってくれる人もいて、日本を良くするためにはどうすればいいんだ〜って、頭のいい人たちが議論に議論を重ねて生み出したシステムなんでしょう、きっと。「それが嫌なら日本を出て行け」と言われれば、僕は素直にすみませんでしたと言うしかありません。英語話せないし。

でもまぁ、この文章のネタにできたという意味では、初めて税金に感謝できるかもしれません。今まで概要欄のような短めな文章ばかり書いていた僕にとって、このくらいの長さの文章を書くというのはけっこうな挑戦だったのですが、税金さんのおかげで「次何書こう」となることもなくスラスラとここまでたどり着きました。最初で最後のありがとうです。

この文章の冒頭で、「僕の闇部分を出すぞ！　気をつけろよ！」と忠告しましたが、それでも「虫眼鏡最低！　見損なったわ！」と思われた方はいるかもしれません。この本の読者の皆さんにだけ、普段なかなか表に出せない虫眼鏡の黒い部分をお見せできればと思ったのですが……少々余計なことを言いすぎた感もあります。ここはひとつ失った好感度を補充しておくとしましょう。

～虫眼鏡の好感度補充コーナー～

・毎月ＷＦＰ（国連世界食糧計画）に募金しているよ。飢餓《きが》で苦しむ子供たちを減らしたいんだ！
・１人でいるときに声をかけてくれた人の写真やサインは基本断ったことがないよ！
・今まで一度も浮気したことないよ！
・みんなからもらった手紙は１通も捨てずに全部大事にしまってあるよ！

いやなんかこれ好感度補充コーナーの方がいやらしくね!!

ところで、なんでみんな夜に寝るの？

東海オンエアは、だいたい週に6本YouTubeに動画をアップしています。しかし、だからといって週に6日撮影をしているわけではありません。

東海オンエアレベルのスーパースター集団ともなると、動画撮影以外にもお仕事がたくさんあるので、そう毎日毎日集まってばかりもいられないのです。動画の編集もしなきゃいかんし。

ということで、週に2日程度メンバー全員が集まる「撮影日」を設けています。その日に何本かまとめて撮影を済ませてしまい、なるべくメンバーの拘束時間を短くするのが我々のスタンダードスタイルです。

このスタイルはとても効率が良いのですが、深刻な欠点もあります。

そう、晩ご飯の選択肢が少ないのです。

え？　話が飛躍しててよくわからないって？　バカなのか君は!!

動画を何本かまとめて撮影するとどうなりますか。

そうですね、撮影終了時刻が遅くなりますよね。東海オンエアは朝の10時が集合時刻なんですが、だいたい誰かが遅刻してきます。そいつらを待ち、撮影を始め、全てを終える頃には22時を過ぎていることがほとんどです。楽しかろうときつかろうと、撮影にはそれなりに体力を使うので、最後においしいご飯を食べて労をねぎらいたいですよね。しかし、そうは問屋が卸しません。

なんと我々東海オンエアは愛知《あいち》県岡崎《おかざき》市に住んでいるのです。岡崎市は人口38万人の中核市、決して寂《さ》びれきった田舎《いなか》というわけではないのですが、パッキパキの都会でもありません。夜遅くにおっさんが道端にゲボを吐いたり、ガールズバーの店員さんが声をかけてきたりするような繁華街はないのです。繁華街大好きなパリピ☆たちは名古屋《なごや》まで遊びに行くので、岡崎市の夜は静かです。ちょっと雰囲気いい感じのご飯屋さんはほとんど22時くらいで閉店してしまうのです。

撮影で疲れた僕たちはちょっといいご飯が食べたいなっていう気持ちでムラムラしています。それにもかかわらず、残された選択肢は「すき家《や》」「びっくりドンキー」「まんぷく家《や》(家系ラーメン)」しかないのです。僕たちは毎週呪いの言葉を口にしながら、すき家に向かうのです。よく「稼いでるんだからいいもの食べてるんでしょ〜?」とか聞かれますが、マジですき家の肉が主食ですからね。

そのせいか、僕たちの「行きつけ」のお店も一向に増えてきません。岡崎市まで遊びに来てくれたYouTuberさんに「今日は何が食べたい気分?」なんて聞いてあげることもできないのです。

現JJコンビ(この本出るまでにまた解散して名前変わったりしないよね? 大丈夫だよね?)のジョージ、ジローとの付き合いも、もう3年とか4年とかになるような気がしますが、つい最近岡崎に来てくれたときに「このお店知らない! 岡崎に来て3種類目の店だ!」って言ってましたからね。

水溜《みずたま》りボンドのトミーも、東京でご飯をするときはいつも素敵なご飯屋さんに連れてってくれ、なぜか会計を払ってくれます。トミーが岡崎に来てくれたときくらい、「岡崎の中ではカッコつけさせてや」とか言っていつものお返しをしてあげたいところなんですが、今のところ濃厚豚骨ラーメンしか奢《おご》れていません。なんというリターン率の低さか。

しかし、岡崎市はパリピ街を作るべしと言いたいわけではありません。僕たちの納めた地方税をそんなことに使わないでくれ。

僕たちが毎週こんな目に遭うのは……全部……

「人間が夜に寝る」からだぁ!!

そう、「夜=寝るべし」という考えのせいで、東海オンエアは毎週のようにすき家の肉を食べているのだということに気づいたのです。

僕は昔から「夜だから寝る」という考えはどこのどいつが考えやがったんだと思っていました。今から僕は、「いや、それが普通だからww」とか言う思考が停止した人間に、「夜寝るのってここがおかしくない?」「睡眠への考え方をこうすればもっと社会は良くなるんじゃやない?」という提言をいくつも挙げていきます。僕の考えに納得した人は素直に「まいった」と言ってください。

1 人類の科学は進化しているのだ

「なんで夜寝るの?」という質問に対する一番しょうもない反論が「暗いやん」です。じゃあお前は二度と電球とか蛍光灯とかLEDとかを使うなよと言いたいです。「暗くて困るなぁ」と思った人間がそういった照明器具を発明したのだから、もはや人間は「暗い」を克服していると言えるのではないでしょうか。

そもそも、昼でも人間って建物の中にいるときはだいたい照明を使ってるよね。建物の中にいるなら昼とか夜とか関係ないんじゃやない?

2　生物としてのヒトも進化しているのだ

「いや、ヒトという生き物の体の作り的に〜」とおっしゃるあなた。「ヒトの体は昼に活動するようにできている」んじゃなくて、「昼に活動してたからそういう体に進化した」んですよ。

夜行性の動物がいるくらいなので、生物にとって太陽光はマストとまでは言えないのです。

なんなら、今のうちに「夜寝る」ことをやめておけば、いつかヒトの体は昼夜関係なく活動できるように進化するかもしれません。

3　みんなの活動時間がバラバラだった方が効率いい

これは僕が最も訴えたい部分です。なぜみんなが揃《そろ》いも揃って8時に出社して17時に帰宅する必要があるのでしょうか。コンビニのアルバイトみたいにシフト制にすればいいのに。そうすれば、基本的にどんな企業でも24時間活動し続けることができるので、「○○時だからもう閉まってるわ」という無念も減ることでしょう。「残業」という概念もなくなりますし、消費活動も活発になるかもしれません。

コンピューターやロボットに人間の仕事をどんどん引き継いでいっているこのご時世、たくさんの人間が雁首《がんくび》揃えてないといけない理由って、実はもうあんまりないんじゃないですか？（もちろん例外はあるよ！　東海オンエアとかもそうだし！）もっと効率良くしていこうよ。

「シフト制にしたら夜に活動する人がかわいそう」ですか？

でも皆さん、年末年始は何も言わなくても夜に活動してませんか？　あれかわいそうですか？

夏休みになったら自然に夜型人間になる人もいませんか？　あれもかわいそうですか？

4　混雑がなくなる

みんなの生活リズムが同じだからこそ、道路や公共交通機関、飲食店の混雑が生じるのではないですか。「混んでるから待ってる」時間は最も無駄な時間です。

5　ヤリチンが生きにくい世界になる

「ごめんね、もう終電の時間だから帰らなきゃ」「え～いいじゃん～もう一杯だけ～」「でも帰れなくなっちゃうから……」「そしたら俺ん家《ち》泊まってけばいいよ」「そんな、悪いよ……」「いいっていいって、俺ももっと君と飲みたいし！　じゃあ決まりね！」（イエーイ）

→これがなくなる。

6　時刻という概念から解放される

「太陽が南中した時刻を12時にしよう」という考え自体が「人間は昼に活動するもんだぜ」という固定観念によるものではないですか。「昼だから」「夜だから」という先入観がなくなってしまえば、そもそも「一日の終わり」という考え自体がなくなり、人間にとって「時刻」という概念は希薄なものとなるのではないでしょうか。外国との時差ももう必要ないですね。

何より「やりたくないけど○時までは一応やらんといかん」「もっとやりたいけど○時だから終わらないといけない」といった無駄もなくなることでしょう。人にはそれぞれちょうどいい「一日」の長さがあるのです。勝手に24時間だとか決めつけないでほしい。

他にも、「嫌いな人と生活リズムをずらせば会わなくて済む」とか、「みんなで名古屋（現繁華街）に集まる必要がなくなり人口の集中が緩和される」とか、「人口が増えても安心」とか、なんだか無限に書き続けられる気がしてきましたが、一旦これくらいで勘弁しときます。

別に僕は心の底から「夜寝るのはおかしいだろ！」と主張し、「不眠党」を結党するつもりはありません。

ただ、みんなが「当たり前だろ」と思っていることって本当に当たり前なのかなって考えてみることはすごく大切な考え方だと思うんです。そうすることで、面白いことや問題点に気づけたり、いいアイデアが浮かんだりすることもあると思うので。顔を真っ赤にして「そういうもんなの！」を連呼するような頭の固い人間になっちゃダメだよ。

というわけで、もう深夜3時なので僕は寝ます。おやすみなさい。

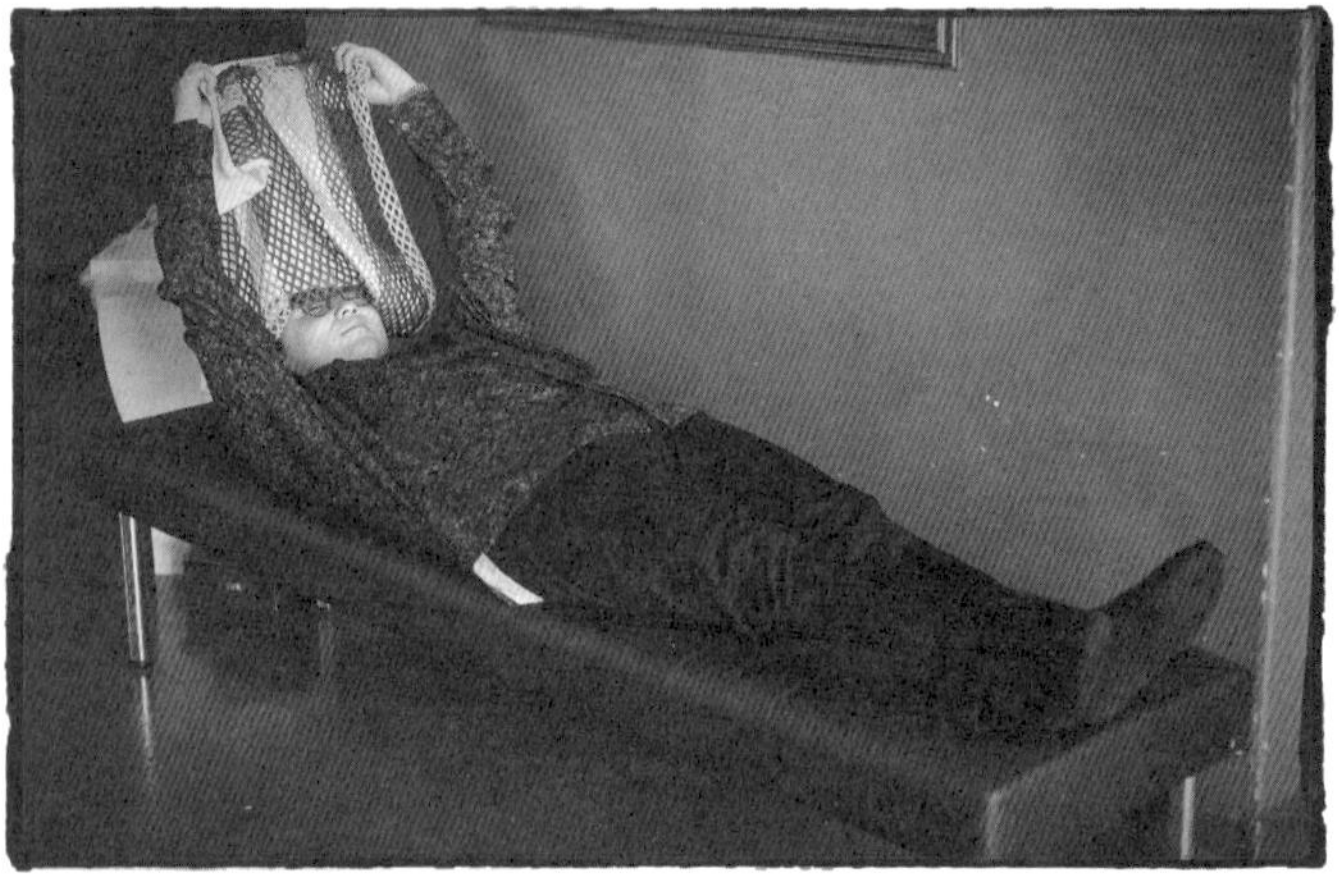

女性が太ももを見せるのは自信があるんじゃね説

車に乗る人はわかると思います。前の車に追突してしまいそうになる瞬間Ｎｏ．１を。徹夜して意識が朦朧《もうろう》となっているときでも、カーステレオから流れてくるゴキゲンな音楽にノリノリになりすぎちゃったときでもありません。「道を歩いている女子高生の太ももを目で追ってしまったとき」です。

いや、今「こいつ気持ち悪《わる》っ！」と思ったそこのあなた。それは理不尽ですよ。僕が女子高生のスカートをわざわざめくって太ももをジロジロ見たとするなら、僕は素直に逮捕されましょう。でもあの太ももは、僕が見にいったというよりも向こうが見せてきてるに近いものですよ。勝手に僕の視界に飛び込んできておいて、「見んなよ、キメェ」とか言うのは違うわ。僕は無罪を主張します。

とにかく、女性の太ももには男性を思わず振り向かせてしまうほどの性的魅力があるというわけですよ。僕はあまり女性になったことがないので、女性の気持ちはわかりませんが、きっと無意識のうちに「私の太ももには魅力があるのヨ」とわかっているんだと思います。なので、学校で先生に叱られようと、階段を上るときにおじさんが後ろから覗《のぞ》き込《こ》んでこようと、スカートをどんどん短くしてしまうんだと思います。僕も「あ、今日祝日なんだ」くらいのペースで女装をするのですが、どちらかといえば太ももやすねはなるべく映したくないですもん。毎回すね毛を剃《そ》るかどうか検討しています。

こういった「自分の下半身への自信」は女性特有のものかもしれませんね。男性が「俺下半身には自信あるよ」って言ったらそれはちんちんのことですから。ちなみに僕は下半身に自信があります。嘘《うそ》でした。


しかし、太ももをガンガンに露出する女性でも、おっぱいやお尻を丸出しにしないのはなぜなんでしょう。水着で隠すのはどうしてあそことあそこなのでしょう。

「当たり前でしょうが」と思われるかもしれませんが、性的魅力があふれているという意味ではおっぱいも太ももたいして変わらないわけですよ(虫眼鏡の意見すぎるため異論は大いに認める)。だったら太ももしっかり隠した方がいいんじゃないのと僕は思うんですけどね。

でも偉い人が「確かに!」とか言ってそういう太ももの隠秘に関する法律ができてしまったら、それはそれで悲しいのでここだけの話にしておきましょう(ちなみに軽犯罪法ではももをみだりに露出してはいけないという文言《もんごん》が一応あるらしい)。

ちなみに、僕の住んでいる岡崎市の女子高生のスカートはめちゃくちゃ長いです。自転車に乗ったらタイヤに巻き込まれちゃうんじゃないのってくらい長いです。もしかしたら岡崎市の教育がかなり厳しいということで有名なのと関係があるかもしれませんね。

つまり、岡崎市は「女子高生の太ももを運転手の眼球が自動追尾しちゃったせいで起きた交通事故」が圧倒的に少ないわけです。実際に岡崎市の交通事故件数を見てみましょう。

……え～、全国で一番交通事故が多い愛知県の中で3位でした。普通に多いわ。

は～い、ここまで書いてきたこと全部撤回しま～す！

スカートが短いことと、交通事故にはなんの因果関係もありませ～ん！

太ももには全く性的魅力がないってことで～す！

みんなどんどん太もも出していこうぜ！

平成生まれの僕が、一度だけ後ろを振り返ってみる

平成が終わります。いや、終わってます。

そうですよね、この本が出版されている頃にはもう新しい元号になっているんですよね。

僕は今（執筆時）平成31年3月1日にいま～す！　締め切りが今日なので焦ってま～す！

さて、ここで早速「新元号予想クイズ」のコーナーです！

僕は本当にまだ平成にいるので（マジのマジ）、全く新元号を知りません。今からここで僕が予想する元号が当たっていたら、皆さんは僕へのごほうびとしてもう3冊この本を買わなくてはいけません。どちらか1文字だけが当たっていたらもう1冊ですね。先に言っておきますが全然ボケません。ガチで当てに行きます。

まず、なにかヒントになるルールみたいなものがないかなぁと思い、ブラウザで適当に「元号」と検索してみたところ、いい情報を見つけました。

『むかしむかし、とある宮内《くない》大臣は、元号選定おじさんに以下のような原則に沿って元号

を決めなさいよと言いました』

その１　日本や他の国の元号とか有名人の名前とか土地の名前とかとカブっちゃダメ
その２　日本のあるべき姿をちゃんと表現してね
その３　ちゃんとした古い文献とかから言葉を引っ張ってきてね
その４　声に出したときに言いやすいやつにしてね
その５　書きやすいやつにしてね

なるほど、ちゃんと考えられているようですね。僕たちのような一般人からしても納得できる原則です。その３は別にそこにこだわらなくてもいいじゃんとも思うけど。

さらに、僕はもう２つヒントを握っています。

１つは、「たぶん漢字２文字」ということです。なぜかというと今までの元号がだいたいそうだったからです。もし違ったらただシンプルにびっくりします。

もう１つのヒントは最近の元号から導き出せます。

たまに「平成31年」のことを「H31」って書いたりしませんか？　なんならけっこう正式な書類でも、生年月日の欄に【M・T・S・H】って印刷してあって、丸をつけてね〜

みたいになってるタイプのやつありますよね？

　これ、さすがに最近の元号とアルファベットがカブったらまずいと思うんですよね。さすがにそれは元号選定おじさんも考えていることだと思うので、少しだけ新元号の1文字目の行を絞ることができます。つまり、明治のMがついてしまうマ行、大正のTがついてしまうタ行、昭和のSがついてしまうサ行、平成のHがついてしまうハ行から始まる可能性は低いということですね。もうちょい遡《さかのぼ》って、慶応《けいおう》のKがつくカ行、元治《げんじ》のGがつくガ行、文久《ぶんきゅう》のBがつくバ行もないということにしておきましょう。

　以上の情報をもとに、僕は1時間考え込みました。「小学生で習う漢字一覧」というページをにらみ、「なんでこんなコーナーを始めてしまったのか」と後悔しながら。「永《えい》光《こう》」とか「仁永《じんえい》」とか、なんかそれっぽい漢字を組み合わせるのは簡単なんですが、そういう縁起の良さそうな言葉はだいたいもう既にどこかで使われてしまっているんですね。特に僧の名前に。この1時間で僧のことが嫌いになりました。

　幾度となく訪れたゲシュタルト崩壊と、delete《デリート》キーを長押ししたくなる衝動に打ち勝ち、若干の妥協を許しながら生み出した2文字はズバリ、「仁幸」です。「ジンコウ」と読みます。この2文字にはなんとなく「思いやりの心で世界に幸せをもたらそう」的な意味が込められています。どうでしょうか。僕は「いつかまた元号が変わるとしても、二度とこのコーナーを開催するのはやめよう」と思いました。

　さて、ちょっとしたオープニングコーナーのつもりだったのに、僧のせいで長くなってしまいました。本題に入りましょう。

　僕は「平成最後の～」という言葉を聞くたびに、「だからなんなんだ。今日という日は二度と来ないんだから毎日が人生最後だろ」と感じていました。別に元号が変わったところで何かが劇的に変化するというわけでもないですし。

　しかし、おそらく「元号が変わる」というイベントは一生のうち2回くらいしか体験できないと思われます。僕のように不摂生ですぐ鼻血を出すような人間はきっと早死にするので、もしかしたら今回が人生最後のNew元号ウェルカムパーティーになる可能性すらあります。

そう考えてみると、この改元は僕にとってもとても大きな出来事だと言えるのかもしれません。僕は平成4年生まれなので、実質僕自身が平成なんじゃないかみたいなところはあります(?)。それが終わってしまうというのは、『ジョジョの奇妙な冒険』でジョナサン・ジョースターが宿敵であるディオ・ブランドーの放ったスペースリパー・スティンギーアイズに喉《のど》を貫かれ絶命し、第1部が終わってしまったこととほぼ同じと言えます(?)。つまり、僕が生きてきたここまでの26年間は僕の人生の第1部だったわけです(?)。ムシメガ・ジョースターの奇妙な冒険 第1部「ナンデモムラット」ですよ(うまくモジれなかったのでジョジョに例えたことを後悔しています)。

というかこの本、講談社から出版してるんですけど、ジョジョの話していいのかしら。虫眼鏡の概要欄第3巻が集英社から出版されたら「あ、怒られたんだな」と察してください。

さて、それでは平成の終幕を記念して、僕は『ムシメガ・ジョースターの奇妙な冒険第1部』(=実質平成)を振り返ってみることにします。

今までの人生を振り返るにあたり、まず触れなくてはいけないのが「東海オンエア」という奇天烈《きてれつ》6人組おまぬけ集団のことです。

この本を手に取ってくださっている方であれば、おそらく皆さんご存知だとは思いますが、東海オンエアというのは僕が所属しているYouTuberグループのことです。自賛になってしまいますが、YouTuberとしては今のところなかなか成功している部類に入ると思います。ちょっとだけ派手な生活ができるくらいにはお金もいただけていますし、少し道を歩けば高校生に声をかけてもらえます。なんならメンバーの虫眼鏡というチビ男の書いたふざけた文章が、有名な出版社さんによって立派な本になってしまうくらいです。

しかし、これは決して幼き虫眼鏡が望んだ未来ではありませんでした。虫眼鏡(幼)は小さい頃、プロ野球選手になりたかったのです。「いや、でもなんか僕体格が貧弱貧弱ぅだわ、プロ野球選手になれるわけないわ」と気づいた小学5年生、次の夢は薬剤師でした。「いや、でもうち家庭厳しいわ、6年も大学行かせてくれるわけないわ」と気づいた中学3年生、次の夢は教員でした。大学でそこそこ真面目に勉強し、あまりに理不尽な教育実習も心をお地蔵さんにして乗り越え、22歳、ついに身の丈に合った夢を叶《かな》えました。幸せでした。毎日がとても充実していました。何しろ自分の力で夢を叶えたのですから。

僕はYouTuberになっていました。

国語の授業をしていたら校内放送で校長室に呼ばれました。「せんせいしかられるの~?」とふざける子供たちに「そんなわけないだろ~。先生は校長先生となかよしだからさ~」と言い残し、校長室に向かいました。めっちゃ叱られました。「教育に携わる者がインターネットのような誰が見るのかわからないような場所でふざけるとは何事か、教育をナメてるのか」と言われました。僕は60%くらい「そう言われちゃうのも仕方ないな」と思い、35%くらい「そんなん関係あんの?　ちゃんと仕事しとるやん」と思い、5%くらい「○んじまえクソジジイ」と思いました。「明日までに教職を続けるのか、辞めるのか決めてこい」と厳《おごそ》かに告げる校長に、僕は「いや、じゃあ辞めます」と答えました。そして次の日からYouTuberになり、4年。26歳になった僕はやはりYouTuberでした。

『ムシメガ・ジョースターの奇妙な冒険 第1部』のあらすじはこんな感じです。このお話は果たしてハッピーエンドと言えるのでしょうか。中学、高校とそれなりに優秀な成績をキープし、一銭たりとも援助をしてくれない親に家を追い出されつつも、バイトゾンビとなり必死に4年間大学に通い、やっとの思いで手に入れた教員免許が無駄無駄無駄無駄無駄ァになった26年です。

皆さんがどのように思われるかはわかりませんが、僕はこの26年を改めて振り返り、主人公のムシメガ・ジョースターに、

「よくやったな。大成功じゃないか」

と声をかけてあげたいです。今成功しているからではありません。ちゃんと彼が〝主人公〟になれたと思うからです。

校長室に呼ばれ、「教員 or YouTuber」を問われたとき、僕はこう思いました。

「ここで教員を選べば、それなりに安定した人生を死ぬまで送ることができるだろうな。でも、この世界に教員っていったい何人いるんだろう？ それに対して、YouTuberで飯を食っていける人はどれだけいるんだろう？」

22年間お利口さんに生きてきた僕は、そこで初めて「僕ってバカだなぁ」と思う決断を下《くだ》すことができたのです。「ロマン」とか「面白そう」とか、そういう計算できないものの中に飛び込む覚悟ができたのです。

しかし、「これは僕が22歳になって立派に成長したから下せた決断なんだよ」と言いたいわけではありません。僕が1人でシコシコとYouTuberをやっていたら、きっと僕は教員を選んでいただろうと思います。超がつくほどの安定志向だった僕がバカな決断を下したのは、僕にバカを教えてくれたクソバカ5人のせいです。ジョセフ・ジョースターがシーザーやリサリサと出会い、一緒に波紋の修行をしたからこそ、カーズを倒すことができたのと同じです。

僕は自分に「よくやった」と言いたいと書きましたが、「そんな決断を下すなんて……よくやったな」ではなく、「そんな風に自分を変えてくれた仲間を見つけられたなんて……よくやったな」と言いたいのです。

さて、『東海オンエアと出会えたムシメガは幸せであった……これからも彼の順風満帆な冒険は続くのであった……第1部　完』といきたいところなのですが、「ちょっと待てよ、僕26歳だよね…これって大丈夫なのか？」と思う部分もあります。
そう、ジョナサンは第1部の最後にエリナ・ペンドルトンと結婚しましたよね。僕の友達のそう君も、ひろき君も結婚しました。一方ムシメガはというと、未《いま》だに全く結婚したいと思えないのです。まだ子供も欲しいと思えません。「おいおい、それじゃあジョナサンじゃなくてスピードワゴンじゃないか」というツッコミが聞こえてきそうです。クールに去らないといけません。

僕はこの26年を無駄に過ごしたつもりはありません。友達の誰よりもたくさんのことを経験し、充実した人生を送ってきたつもりです。でも、友達から「結婚しました」「子供ができました」という報告を受けるたびに、彼らがすごく大人に見えてしまうのです。単純に人生のイベントで先を越されてしまって悔しいなというだけの話ではなく、「彼らは一生に一度しかできない決断をこの若さで下すことができている」ということに劣等感を覚えるのです。

そう、やはり僕には決断する力がないのです。「教員なんて辞めてやらぁ！　どんなもんじゃい！」と大見得を切った虫眼鏡はまだかりそめの姿だったのです。真の虫眼鏡は、「今の彼女も別にいいんだけどさ、もし将来もっと素敵でおっぱいの大きな人と出会ったらどうしよう」「人生は一回きりなんだから、絶対に間違いのない決断をしたい」とくよくよ考えているのです。

別に早く結婚した人が偉いというわけではありません。それはわかっていますし、全く焦ってもいません。ただ僕は、平成から「自分の人生を自分で切り開く力」を置き土産《みやげ》として渡されたような気がするのです。

『ムシメガ・ジョースターの奇妙な冒険　第2部』にはそれこそ人生を左右するような決断が求められるシーンがいくつもあることでしょう。結婚もそうですし、家を買うかもしれません。もしかしたら「東海オンエア」との別れすら待ち構えているかもしれません（あ、これはめちゃめちゃおじさんになってYouTuberじゃなくなってるかもねという意味です、深読みしないように）。そのとき、ムシメガは今度こそ自分の力で決断を下せるようになるべきなのです。

僕は第1部をハッピーエンドだと表現しました。しかし、もしも第2部でムシメガが自分じゃ何も決められないような人間に成り果ててしまったなら、僕は「やはりあそこで教員を選んでおくべきだったのに…やっぱり第1部はバッドエンドでしたな」と訂正しなくてはいけません。

『ムシメガ・ジョースターの奇妙な冒険』が名作になるかどうかはこれから次第。平成と共に生きたこの26年に合格点をあげるのはまだ早いってことですね。

しかし、第1部とか第2部とか仰々《ぎょうぎょう》しく言ってみたものの、きっと僕は今とそんなに変わらない生活をしていることと思います。

皆さんは体育の授業のお手伝いとかでラインカーを引いたことがありますか？ あれ、前を向いて引っぱってるときは、「うわ〜超まっすぐ歩いてるわ〜」と思うんですが、後ろを振り向いてみるとなぜか線がぐにゃぐにゃに曲がってるんですよね。でも、線が曲がらないようにしようと思って後ろを向きながら引っぱると、ますますうまくいかなくなるんですよ。不思議なことに。

たぶん人生もそれと同じだと思います。少なくとも僕は現在の自分の状況を客観的に判断できないタイプの人間ですし、毎日くよくよ反省していたらそれはそれで心を病んでしまいそうです。

どこかで立ち止まり、一度振り返ってみたときに初めて、「あぁ僕のこれまでの人生ってこんな感じだったんだ」「これからはちょっとここを直さないとな」ということに気づけるんだと思います。

僕は「平成お～しまい」というこの節目に、一度後ろを振り返ったので、しばらくはまっすぐ前だけを見て歩いていこうかなと思います。次の節目に、きれいな線が引けているといいな。

続・概要欄のあとがき
〜読み終わったあなたへ〜

　大人になってから本を読む時間が減りました。大人という生き物はまとまった時間を作ることが苦手なんでしょうか、なぜか時間をコマ切れにしてスマートフォンに食わせてしまいます。本をチビチビ読むくらいなら、ＳＮＳのチェックやソシャゲのデイリーミッションをこなすのに充《あ》てたいんでしょうね。
　確かに、僕も本を読むならじっくりと腰を据えて読みたい派です。途中で読むのをやめてしまうと、続きが気になって夜寝られなくなってしまうんですよ。なので、ギッチリ予定が詰まっている週なんかは新しい本を読み始めないようにしています。
　そう考えると、「読書」という趣味は現代の忙しい社会にあまりフィットしていないのかもしれませんね。電車の中で本読んでいる人、減りましたもん。

　ダメだろ!!　本読めよ!!

　本を出版してから、周りの方々（半ニヤケ）に「虫眼鏡先生〜」とか呼ばれたりしますが、僕はやっぱり作家ではありません。文学部も出ていませんし、文学賞を取ったこともありません。そもそも文章の書き方をお勉強したこともありません。こんな僕が「本2冊も書いたやんね？」「副業で作家もやっとるやんね？」な～んて言ったら、本職の作家さんに失礼です。「東海オンエアのグッズをたまたま本という形で出させていただいた」くらいの方がピンと来ます。

そんな僕ですが、やはり「本を読む人間が増えて欲しい」と思います。曲がりなりにも。

日本語は美しいです。上手《じょうず》に日本語を並べると、人を泣かせることができますし、笑わせることもできます。読んだ人の人生を変えることだってできます。とんでもないコンテンツです。

この「日本語」というキラーコンテンツを１００％純粋に楽しむ方法、それが「読書」なんですよ。

皆さんも、この本を手に取ってくださり、そして今このあとがきを読んでくれているということは、一応「読書」をしてくれたんだと思います。ですよね？ あとがきだけ立ち読みしてる人いないよね？

どうでしたか？

そりゃ泣かせることはできなかったと思いますけど、ほんの少しくらい皆さんをニヤケさせることはできたんでしょうか？　もしそうだったら僕は幸せです。

この本はどちらかといえば読みやすい方だと思います。全体を貫くテーマもないし、内容もズタズタです。コマ切れの時間しかない忙しい大人にもピッタリ！
ですが、学ぶことは特にありません。さっき「日本語は美しいです」とか書いてしまいましたが、この本の中で美しい日本語を使った記憶ありませんし。おっぱいって書いた覚えはあるけど。

この本を読んで「あれ、本を読むのって意外に楽しいやん」と思えた人、次は是非《ぜひ》違う本を読んでみてください。きっと「日本語ってすごいな」って思えることでしょう。

あ、できれば講談社さんの本を読んでね。

講談社さ〜ん、これでいいんですよね？
約束通り概要欄の本第3巻の出版を検討してもらいますからね!!

平成31年4月5日　東海オンエア　虫眼鏡

続《ぞく》・東海《とうかい》オンエアの動画《どうが》が6.4倍楽《ばいたの》しくなる本《ほん》
虫眼鏡《むしめがね》の概要欄《がいようらん》 平成《へいせい》ノスタルジー編《へん》

虫眼鏡《むしめがね》 ©mushimegane 2019

2019年6月4日 第一刷発行

発行者 ———— 森田浩章

発行所 ———— 株式会社　講談社
東京都文京区音羽2-12-21 〒112-8001
電話 編集（03）5395-3730
販売（03）5395-3608
業務（03）5395-3603

取材協力 ———— UUUM株式会社

構成・デザイン— 内藤啓二（shuffle）

印刷所 ———— 大日本印刷株式会社

製本所 ———— 株式会社国宝社

Printed in Japan　127p　18cm
ISBN 978-4-06-515595-0